經絡穴位

速查手冊

李志剛 主編

本書原出版者為福建科學技術出版社。繁體字版經授權由香港天地圖書有限公司在香港和澳門地區獨家出版發行。

www.cosmosbooks.com.hk

書　　名	經絡穴位速查手冊
主　　編	李志剛
責任編輯	王穎嫻
封面設計	郭志民
出　　版	天地圖書有限公司
	香港皇后大道東109-115號
	智群商業中心15字樓（總寫字樓）
	電話：2528 3671　傳真：2865 2609
	香港灣仔莊士敦道30號地庫／1樓（門市部）
	電話：2865 0708　傳真：2861 1541
印　　刷	美雅印刷製本有限公司
	香港九龍官塘榮業街6號海濱工業大廈4字樓A室
	電話：2342 0109　傳真：2790 3614
發　　行	香港聯合書刊物流有限公司
	香港新界大埔汀麗路36號中華商務印刷大廈3字樓
	電話：2150 2100　傳真：2407 3062
出版日期	2019年11月 初版 · 香港

體質與身體狀況因人而異，本書提及之方藥及治療方法，並不一定適合每一個人。
讀者如有疑問，宜諮詢註冊中醫師。

前言

在被譽為「醫家之宗」的《黃帝內經》中，最重要的、貫穿全書的一個概念就是經絡穴位。經絡總體上說就是一些縱貫全身的路線，而穴位則是路線上的小樞紐。儘管近代醫學解剖從未發現任何經絡穴位的蛛絲馬跡，但通過經絡穴位治療卻往往能收到神奇的效果，有時甚至比外科手術、內科服藥更加有效，的確令人稱奇。

當下昂貴的醫療費用已經造成了「看病難」的社會現狀，「有甚麼別有病」已成了大眾的口頭禪。但是人吃五穀雜糧，怎會沒有三病五痛？這時如果我們掌握一些基本的經絡穴位知識，對日常生活中一些小毛病就能夠進行自我治療，就不必去醫院了。就算是一些大病，在治療期間也可進行按摩、刮痧、艾灸等綠色自然療法，從而促進身體康復，這樣不但節約了醫療費用，更避免了藥品的副作用對身體的摧殘。

對大眾來說，經絡穴位療法就是一劑不苦口的「良藥」。本書以十四經和經外奇穴分類，詳解了近 400 個穴位的定位取穴、功效、主治、對應理療操作等。為了讓大家更精確地定位穴位，更給每個穴位配上了清晰的真人展示圖，清楚簡單。

目錄

第1章

經絡穴位基礎課

第2章

手太陰肺經

第3章

手陽明大腸經

第 4 章

足陽明胃經

第 5 章

足太陰脾經

第 6 章

手少陰心經

第 7 章

手太陽小腸經

第 8 章

足太陽膀胱經

第 9 章

足少陰腎經

第 10 章

手厥陰心包經

第 11 章

手少陽三焦經

第 12 章

足少陽膽經

第13章

足厥陰肝經

第 14 章

督脈

第 15 章

任脈

第 16 章

經外奇穴

第 1 章

經絡穴位
基礎課

經絡「內連五臟六腑，外連筋骨皮毛」，
縱橫交錯地將人體形成了一個有機的整體，
人體當中的氣血精微全都於經絡當中運行。
經絡就像是人體內的河流，所有的臟腑和
器官都通過它相互聯繫。只有保持這些道
路的通暢，才能保證身體的健康。

簡便取穴法，教您輕鬆找到穴位

在養生知識日益普及的今天，穴位療法早已經融入了人們的生活當中。使用經絡穴位，是一項技術活，也可以說是一把雙刃劍，如果找對了穴位，再加上適當的手法，便可以益壽延年，如果在一竅不通或是一知半解的情況下胡亂擺弄，則往往會弄巧成拙。所以，在進行穴位療法之前，一定要了解一些經穴治療的注意事項。

在進行穴位療法的時候，找穴位是最重要的。在這裏，我們介紹一些最簡單的尋找穴道的訣竅。

◎依據手指同身寸度量取穴

手指同身寸度量取穴法是指以患者本人的手指為標準度量取穴，是臨床取穴定位常用的方法之一。這裏所說的「寸」，與一般尺制度量單位的「寸」是有區別的，是用被取穴者的手指作尺子測量的。由於人有高矮胖瘦之分，不同的人用手指測量到的一寸也不等長。因此，測量穴位時要用被測量者的手指作為參照物，才能準確地找到穴位。

（1）拇指同身寸：拇指指間關節的橫向寬度為 1 寸。

（2）中指同身寸：中指中節屈曲，內側兩端紋頭之間作為 1 寸。

（3）橫指同身寸：又稱「一夫法」，指的是食指、中指、無名指、小指併攏，以中指近端指間關節橫紋為準，四指橫向寬度為 3 寸。

另外，食指和中指二指指腹橫寬（又稱「二橫指」）為 1.5 寸。食指、中指和無名指三指指腹橫寬（又稱「三橫指」）為 2 寸。

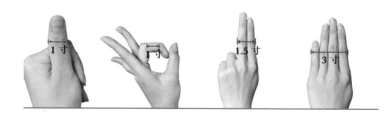

◎ 簡便定位法

簡便定位法是臨床中一種簡便易行的腧穴定位方法。如立正姿勢，手臂自然下垂，其中指端在下肢所觸及處為風市穴；兩手虎口自然平直交叉，一手指壓在另一手腕後高骨的上方，其食指盡端到達處為列缺穴；握拳屈指時中指尖處為勞宮穴；兩耳尖連線的中點處為百會穴等。此法是一種輔助取穴方法。

◎ 依據體表標誌取穴

固定標誌：常見判別穴位的固定標誌有眉毛、乳頭、指甲、趾甲、腳踝等。如：神闕穴位於腹部臍中央；膻中穴位於兩乳頭中間；行間穴位於足背側，當第一、第二趾間，趾蹼緣的後方赤白肉際處。

動作標誌：需作出相應的動作才能顯現出來的標誌，如張口時耳屏前凹陷處為聽宮穴。

◎ 依據人體骨度定位取穴

始見於《靈樞·骨度》，它將人體的各個部位分別規定其折算長度，作為量取腧穴的標準。如前後髮際間為 12 寸；兩乳間為 8 寸；胸骨體下緣至臍中為 8 寸；臍孔至恥骨聯合上緣為 5 寸；肩胛骨內緣至背正中線為 3 寸；腋前（後）橫紋至肘橫紋為 9 寸；肘橫紋至腕橫紋為 12 寸；股骨大粗隆（大轉子）至膝中為 19 寸；膝中至外踝尖為 16 寸；脛骨內側髁下緣至內踝尖為 13 寸。

穴位基礎理療手法

　　穴位療法是中醫治療疾病的手段，也是老百姓日常保健的手法。理療的方法不同其效果也是不一樣的。下面為大家詳細介紹中醫理療的各種手法！

◎按摩

　　經絡按摩手法從文字記載有 110 餘種，流傳至今，變化頗多。根據其在實際臨床應用當中所屬的流派的不同，共有三十幾種會被經常用到。在實際應用當中，這些手法有着一定的規律，臨床常用的手法一般被分為以下六大類：擠壓類手法、振動類手法、擺動類手法、摩擦類手法、叩擊類手法、複合類手法等。

01 壓法

以肢體在施術部位壓而抑之的方法被稱為壓法。壓法具有疏通經絡、活血止痛、鎮驚安神、祛風散寒、舒展筋骨的作用，經常被用來進行胸背、腰臀以及四肢等部位的按摩。

◇壓法的動作要領

① 力量由輕到重，切忌用暴力猛然下壓。

② 部位準確，壓力深透。

③ 深壓而抑之，緩慢移動，提則輕緩，一起一伏。

02 掐法

掐法指的是用拇指指甲在一定的部位或穴位上用力掐壓的一種手法。掐法適用於面部及四肢部位的穴位，是一種強刺激的手法，具有開竅解痙的功效。如掐人中穴，可以解救中暑及暈厥。

◇掐法的動作要領
① 使用掐法要令拇指微屈，以指甲着力於體表穴位進行掐壓。
② 掐壓的時候要垂直用力，不能摳動，以免掐破皮膚。
③ 掐法不適合被長時間使用。

03 按法

用指、掌或肘深壓於體表一定部位或穴位，稱為按法，有鎮靜止痛、放鬆肌肉的作用。指按法適用於全身各部位穴位；掌根按法常用於腰背及下肢部位穴位；肘按法壓力最大，多用於腰背臀部和大腿部位穴位。

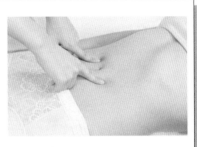

◇按法的動作要領
① 着力部位要緊貼體表，不能移動。
② 按壓的方向要垂直向下，用力要由輕到重，穩而持續。
③ 結束時，不宜突然放鬆，應當慢慢減輕按壓的力量。

◎艾灸

　　在我們保健養生的過程中，總有一些部位是藥物達不到，針也不能企及的地方，那麼人們就要尋求另一種方法。我們偉大的祖先給我們留下了另一筆財寶，大家知道嗎？那就是艾灸。艾灸療效可以穿透機體任何部位，與目前現代的養生理念是非常契合的。

01 艾炷直接灸

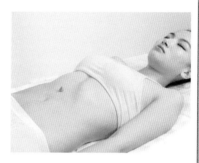

把艾炷直接放在皮膚上施灸，以達到防治疾病的目的。這是灸法中最基本、最主要且常用的一種灸法。古代醫家均以此法為主，現代臨床上也常用。施灸時多用中、小艾炷。可在施灸穴位的皮膚上塗少許石蠟油或其他油劑，使艾炷易於固定，然後將艾炷直接放在穴位上，用火點燃尖端。

02 艾炷隔薑灸

用厚約0.3厘米的生薑一片，在中心處用針穿刺數孔，上置艾炷放在穴位上施灸，病人感覺灼熱不可忍受時，可用鑷子將薑片向上提起，襯一些紙片或乾棉花，放下再灸，或用鑷子將薑片提舉稍離皮膚，灼熱感緩解後重新放下再灸，直到局部皮膚潮紅為止。此法一般不會引起燙傷，可以根據病情反覆施灸。

0 3 艾條溫和灸

施灸者手持點燃的艾條，對準施灸部位，在距皮膚3厘米左右的高度進行固定熏灸，使施灸部位溫熱而不灼痛，一般每處需灸5分鐘左右。溫和灸時，在距離上

要由遠漸近，以受灸者自覺能夠承受為度，而當對小兒施行溫和灸時，則應以小兒不會因疼痛而哭叫為度。

◎ 拔罐

拔罐法又稱拔火罐，古稱「角法」，是以罐子為工具，利用火燃燒排出罐內空氣，造成相對負壓，使罐子吸附於施術部位，產生溫熱刺激及局部皮膚充血或瘀血，以達到治療疾病目的的一種方法。下面詳細為大家介紹各種拔罐方法和操作手法以及它們的運用範圍，讓大家能夠更清晰、更直觀地了解和運用。

0 1 常規拔罐療法

用於病變範圍比較廣泛的疾病。可按病變部位的解剖形態等情況，酌量吸拔數個乃至十幾個。如某一肌束勞損時可按肌束的位置成行排列吸拔多個火罐，稱為

「排罐法」。治療某些內臟或器官的瘀血時，可按臟器的解剖部位的範圍在相應的體表部位縱橫並列吸拔幾個罐子。

0 2 走罐法

走罐法又稱行罐法、推罐法
等。一般用於治療病變部
位較大、肌肉豐厚而平整，
或者需要在一條或一段經
脈上拔罐。走罐法宜選用玻
璃罐或陶瓷罐，罐口應平

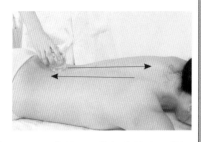

滑，以防割傷皮膚。具體操作方法是先在將要施術部位塗適量的潤
滑液，然後用閃火法將罐吸拔於皮膚上，循着經絡或需要拔罐的線
路來回推罐，至皮膚出現瘀血為止。走罐法對不同部位應採用不同
的行罐方法。腰背部沿垂直方向上下推拉；胸脅部沿肋骨走向左右
平行推拉；四肢部沿長軸方向來回推拉等。

0 3 閃罐法

閃罐法一般多用於皮膚不
太平整、容易掉罐的部位。
具體操作方法是用鑷子或
止血鉗夾住蘸有適量酒精
的棉球，點燃後送入罐底，
立即抽出，將罐拔於施術部

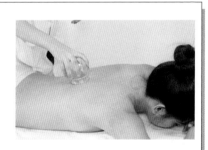

位，然後將罐立即起下，按上法再次吸拔於施術部位，如此反覆拔
起多次至皮膚潮紅為止，適用於治療肌萎縮，局部皮膚麻木痠痛或
一些較虛弱的病症。採用閃罐法注意操作時罐口應始終向下，棉球
應送入罐底，棉球經過罐口時動作要快，操作者應隨時掌握罐體溫
度，如感覺罐體過熱，可更換另一個罐繼續操作。

◎刮痧

刮痧療法是中國傳統醫學的重要組成部份，博採針灸、按摩、拔罐等中國傳統非藥物療法之長，治療方法極具特色而又自成體系。刮痧療法獨有的祛瘀生新、排毒功效能讓人們輕鬆養出一副好身體。所以，為家人刮痧，讓他們擁有健康幸福的生活是每個人的心願。

01 角刮法

單角刮法將刮痧板的一個角，朝刮拭方向傾斜45度，在穴位處自上而下刮拭。雙角刮法以刮痧板凹槽處對準脊椎棘突，凹槽兩側的雙角放在脊椎棘突和兩側橫突之間的部位，刮痧板向下傾斜45度，自上而下刮拭，用於脊椎部。

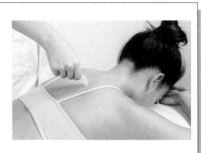

02 面刮法

將刮痧板的一半長邊或整個長邊接觸皮膚，刮痧板向刮拭的方向傾斜30～60度，自上而下或從內到外均勻地向同一方向直線刮。

03 揉刮法

以刮痧板整個長邊或一半長邊接觸皮膚，刮痧板與皮膚的夾角小於15度，均勻、柔和地作弧形旋轉刮拭。

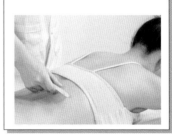

中醫理療法的功效及注意事項

現代醫學證明，採用適當的中醫理療方法既可促進血液循環，加速代謝產物的排出，又可刺激感覺神經末梢，有利於病損組織的修復。但作為一種理療方法，中醫理療法也會有所不能及的地方，下面為大家介紹中醫理療的功效和注意事項，方便對症理療及操作。

◎按摩

按摩的好處

①**疏通經絡，調和氣血：**經絡是運行氣血的通路，當經絡不通時，機體便會產生疾病，通過按摩，可使氣血流通，進而消除疾病。

②**強壯筋骨，通利關節：**骨傷疾患會直接影響到運動系統功能，自我按摩能夠強健筋骨，令患者的正常功能得以恢復。

③**活血化瘀，消腫止痛：**外傷或出血這種局部的刺激可引起血管的痙攣。按摩能夠加速局部供血、消散瘀血、解除痙攣。

按摩需遵循的原則

①**先輕後重：**按摩時要先輕後重，讓身體有一個適應的過程。

②**宜慢不宜快：**按摩時要保持一個柔和的速度，力度要均勻。

③**按揉頭部穴位時力量要分外輕：**人頭部的肌肉薄弱，感覺靈敏，所以在對頭部進行按摩的時候，用力要輕且有感覺。

◎艾灸

艾灸的好處

艾灸是中醫針灸中的「灸」，是自古流傳下來的治病養生方法，有通利經絡的作用，對寒、熱、虛、實諸證均有一定效果。由於灸法成本低廉、操作方便，其適應證又很廣，療效顯著且無副作用，既可袪除疾

病，又能強身健體，數千年來深受廣大人民群眾的喜愛。

艾灸需遵循的注意事項

①施灸時要聚精會神，以免燙傷被灸者皮膚或損壞被灸者衣物。

②對昏迷者、感覺遲鈍者和小兒，在施灸過程中灸量不宜過大。

③情緒不穩、醉酒、陰虛內熱者，盡量避免使用艾灸療法。

④心臟、大血管及黏膜附近少灸或不灸，身體發炎部位禁灸，孕婦的腹部及腰骶部也屬於禁灸部位。

◎拔罐

拔罐療法的生物作用

①**負壓作用**：人體在火罐負壓吸拔的時候可加強局部組織的氣體交換。在機體自我調整中產生行氣活血、舒筋活絡、消腫止痛、祛風除濕等功效，促其恢復正常功能的作用。

②**溫熱作用**：拔罐法對局部皮膚有溫熱刺激作用，能使血管擴張，促進以局部為主的血液循環，加強新陳代謝，使體內的廢物、毒素加速排出。

③**調節作用**：拔罐可使患部皮膚相應的組織代謝旺盛，吞噬作用增強，促使機體恢復功能，陰陽失衡得以調整，使疾病逐漸痊癒。

④**機械作用**：拔罐可使局部毛細血管破裂而產生組織瘀血、放血、發生溶血現象，紅細胞的破壞，血紅蛋白的釋放，使機體產生了良性刺激作用，增強了器官的功能，有助於人體功能的恢復。

拔罐時要注意的重要細節

①拔罐時，室內需保持 20℃以上的溫度，最好在避風向陽處。

②拔罐時的吸附力過大時，可按擠一側罐口邊緣的皮膚，稍放一點空氣進入罐中。初次拔罐者或年老體弱者，宜用中、小號罐具。

③病情輕或有感覺障礙者拔罐時間要短。病情重、病程長、病灶

深及疼痛較劇者，拔罐時間可稍長，吸附力稍大。

④拔罐期間應密切觀察患者的反應，若出現頭暈、噁心、面色蒼白、四肢發涼等症狀，應及時取下罐具，將患者仰臥位平放，墊高壯舉部，輕者可給予小量溫開水，重者針刺人中、合谷或及時送醫治療。

◎刮痧

刮痧的好處

①**活血化瘀**：刮痧可促進刮拭組織周圍的血液循環，增加組織流量，從而起到活血化瘀、祛瘀生新的作用。

②**調整陰陽**：刮痧可調整臟腑功能，使臟腑陰陽得到平衡。

③**排除毒素**：刮痧可使體內廢物、毒素加速排出，從而使血液得到淨化，增強全身抵抗力，進而減輕病勢，促進康復。

④**行氣活血**：刮痧作用於肌表，可以使經絡通暢、氣血通達，則瘀血化散，局部疼痛得以減輕或消失。

刮痧時要做好的重要細節

①**避風、保暖很重要**：刮痧時皮膚汗孔處於開放狀態，風寒邪氣容易進入體內。一般刮痧半小時後才能到室外活動。

②**刮完痧後要喝一杯熱水**：刮痧過程使汗孔開放，邪氣排出，會消耗體內部份津液，刮痧後喝一杯熱水，可補充水份，還可促進新陳代謝。

③**刮完痧後 3 小時內不要洗澡**：刮痧後毛孔都是張開的，所以要等毛孔閉合後再洗澡，避免風寒之邪侵入體內。

④**不可一味追求出痧**：刮痧時刮至毛孔清晰就能起到排毒的作用。還有一些部位和病症是不可以刮出痧的，注意不要一味追求出痧。

第 2 章

手太陰肺經

手太陰肺經有十一個穴位。肺經腧穴主治咳嗽、咯血、鼻塞、感冒、氣喘、流鼻涕、咽喉腫痛等肺系疾病，還可治療肺經循行部位的其他疾病，如肩背痛、手臂麻木等病症。

雲門
中府
天府
俠白
尺澤
孔最
列缺
經渠
太淵
魚際
少商

中府穴　「諸類肺病按中府」　　清瀉肺熱、止咳平喘

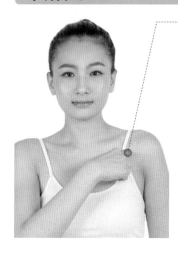

取穴

位於胸前壁的外上方，雲門下 1 寸，平第一肋間隙，距前正中線 6 寸。

自然療法

按摩 ▶ 用食指、中指指腹揉按中府 100 次，可防治肺炎、胸痛、哮喘。

艾灸 ▶ 用艾條溫和灸 5 ～ 10 分鐘，長期堅持，可改善肺虛咳嗽。

老中醫臨床經驗：
主治咳嗽、哮喘、肺炎、胸脅部脹滿、心胸疼痛、肩背痛等病症。

雲門穴　「清肺理氣瀉煩熱」　　清肺理氣、瀉四肢熱

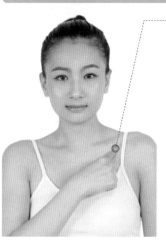

取穴

位於胸外側部，肩胛骨喙突上方，鎖骨下窩凹陷處，前正中線旁開 6 寸。

自然療法

按摩 ▶ 用拇指指腹稍用力按揉雲門 200 次，可改善肺氣不足或寒飲伏肺。

艾灸 ▶ 用艾條溫和灸 5 ～ 10 分鐘，長期堅持，可防治肺部疾患。

老中醫臨床經驗：
主治咳嗽、氣喘、胸痛、肩背痛、胸中煩悶等病症。

天府穴　「平喘安神調肺氣」　　調理肺氣、安神定志

取穴

位於臂內側面，肱二頭肌橈側緣，腋前紋頭下 3 寸處。

自然療法

按摩 用拇指揉按天府 200 次，可防治肺部疾患，如支氣管炎。

艾灸 用艾條溫和灸 5～10 分鐘，長期堅持，可緩解上臂疼痛。

老中醫臨床經驗：
主治氣喘、支氣管炎、鼻出血、吐血、臂痛等病症。

俠白穴　「寬胸和胃宣肺氣」　　宣肺理氣、寬胸和胃

取穴

位於臂內側面，肱二頭肌橈側緣，腋前紋頭下 4 寸，或肘橫紋上 5 寸處。

自然療法

按摩 用拇指指腹稍用力揉按俠白 200 次，可防治咳喘、乾嘔。

艾灸 用艾條溫和灸 5～10 分鐘，長期堅持，可緩解肺氣不足型咳喘。

老中醫臨床經驗：
主治咳嗽、氣喘、乾嘔、煩悶、上臂內側痛等病症。

尺澤穴 「清肺化痰平咳喘」

清肺熱、平咳喘

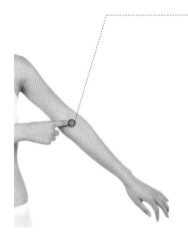

取穴

位於肘橫紋中，肱二頭肌腱橈側凹陷處。

自然療法

按摩 ▶ 用拇指指腹稍用力揉按或彈撥尺澤 100～200 次，可防治支氣管炎、咳嗽、咯血、過敏、肘關節疼痛等病症。

艾灸 ▶ 用艾條溫和灸 5～10 分鐘，每天一次，可緩解肘痛、上肢痹痛等病症。

按摩圖

艾灸圖

老中醫臨床經驗：

主治支氣管炎、咳嗽、咳喘、咯血、過敏、肘痛、上肢痹痛等病症。

配伍治病：

尺澤配中府、肺俞，可治療咳嗽。尺澤配曲澤，可治療手臂痛。尺澤配膻中、膈俞，可治療急、慢性乳腺炎。尺澤配委中，可治療哮喘。

列缺穴 「頭項疾病找列缺」 止咳平喘、通經活絡

取穴

位於前臂橈側緣，橈骨莖突上方，腕橫紋上 1.5 寸，當肱橈肌與拇長展肌腱之間。

自然療法

按摩 用拇指指腹揉按或彈撥列缺 100 ～ 200 次，能清瀉肺熱。

艾灸 用艾條溫和灸 10 分鐘，每天一次，可改善橈骨莖突腱鞘炎、手腕痛、頭痛。

按摩圖

艾灸圖

老中醫臨床經驗：
主治肺部疾病、頭痛、頸痛、咽痛、手腕痛、橈骨莖突腱鞘炎等病症。

配伍治病：
列缺配合谷、地倉、頰車，能治療面神經炎。列缺配太陽、頭維，可治療偏頭痛、頭痛。列缺配下關、頰車，能治療牙齦腫脹、疼痛。

太淵穴 「定喘止咳一把手」 止咳化痰、通調血脈

取穴

位於腕掌側橫紋橈側，橈動脈搏動處。

自然療法

按摩 用拇指指腹按壓太淵片刻，然後鬆開，反覆 5～10 次，可改善手掌冷痛麻木、無脈症。

艾灸 用艾條溫和灸 5 分鐘，每天一次，可緩解咯血、胸悶、乳房腫痛等病症。

按摩圖

艾灸圖

老中醫臨床經驗：
主治咯血、胸悶、乳房腫痛、手掌冷痛麻木、無脈症等病症。

配伍治病：
太淵配肺俞、尺澤、中府，可以治療支氣管炎、咳嗽。太淵配尺澤、魚際、肺俞，可治咳嗽、咯血、胸痛。

孔最穴 「清熱潤肺治咯血」

清熱止血、潤肺理氣

取穴

位於前臂掌面橈側，當尺澤與太淵連線上，腕橫紋上 7 寸。

自然療法

按摩 ▶ 用拇指指腹揉按或彈撥孔最 100 ～ 200 次，可防治肺部疾患。

艾灸 ▶ 用艾條溫和灸 5 ～ 10 分鐘，每天一次，可緩解前臂冷痛。

老中醫臨床經驗：
主治肺部疾病、前臂冷痛、頭痛等病症。

經渠穴 「宣肺利咽平咳喘」

宣肺利咽、降逆平喘

取穴

位於前臂掌面橈側，橈骨莖突與橈動脈之間凹陷處，腕橫紋上 1 寸。

自然療法

按摩 ▶ 用拇指彈撥經渠 200 次，可防治肺部疾患，如氣喘、咳嗽。

艾灸 ▶ 用艾條溫和灸 5 ～ 10 分鐘，每天一次，可緩解前臂冷痛。

老中醫臨床經驗：
主治咳嗽、氣喘、胸痛、咽喉腫痛、手腕痛、前臂冷痛等病症。

魚際穴 「小兒常按助消化」

瀉熱開竅、利咽鎮痙

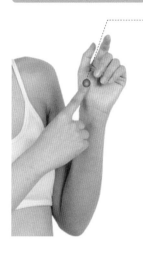

取穴

位於第一掌指關節後凹陷處，約當第一掌骨中點橈側，赤白肉際處。

自然療法

按摩 用拇指指尖用力掐揉魚際50次，可緩解咳嗽、咽痛、身熱。

艾灸 用艾條溫和灸5～10分鐘，每天一次，可治療牙痛。

老中醫臨床經驗：
主治咳嗽、咽痛、咯血、身熱、牙痛、小兒消化不良等病症。

少商穴 「昏迷急救求少商」

清熱止痛、解表退熱

取穴

位於人體的手拇指末節橈側，距指甲角0.1寸（指寸）。

自然療法

按摩 用拇指指尖用力掐揉少商30次，可治療中暑、中風昏迷。

艾灸 用艾炷直接灸少商10分鐘，每天一次，可改善神志恍惚。

老中醫臨床經驗：
主治中暑、身熱、中風昏迷、咽痛、神志恍惚等病症。

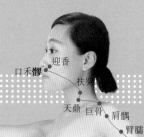

迎香
口禾髎
扶突
天鼎
巨骨　肩髃
臂臑
手五里
肘髎
曲池
手三里
上廉
下廉
溫溜
偏歷
陽溪
合谷
三間
二間
商陽

第3章

手陽明大腸經

手陽明大腸經有二十個穴位。大腸經腧穴主治頭面五官疾患、咽喉病、熱病、皮膚病、胃腸病、神志病等病症，還可治療經脈循行部位的其他病症，如肩臂疼痛、上肢麻木等病症。

商陽穴 「暈厥中風療效佳」

取穴

位於手食指末節橈側，距指甲角 0.1 寸（指寸）。

自然療法

按摩 用拇指指尖用力掐揉商陽 30 次，可治療中暑、咽喉腫痛。

艾灸 用艾條溫和灸 5～10 分鐘，每天一次，可改善耳鳴、耳聾。

老中醫臨床經驗：
主治中風昏迷、中暑、咽喉腫痛、牙痛、耳鳴、耳聾等病症。

陽溪穴 「頭痛眼病常用穴」

清熱散風、通利關節

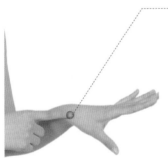

取穴

位於腕背橫紋橈側，當拇短伸肌腱與拇長伸肌腱之間的凹陷中。

自然療法

按摩 用拇指指腹稍用力按揉陽溪 200 次，可治療咽部及口腔疾病。

艾灸 用艾條溫和灸 5～10 分鐘，每天一次，可改善目赤腫痛、腰痛。

老中醫臨床經驗：
主治咽部及口腔疾病、目赤腫痛、手腕痛、腰痛。

二間穴 「清熱解表利咽喉」　　　解表利咽

取穴

位於手食指本節（第二掌指關節）前，橈側凹陷處。

自然療法

按摩 用拇指指腹稍用力按揉二間200次，可防治咽喉及眼部疾病。

艾灸 用艾條溫和灸 5 ～ 10 分鐘，每天一次，可改善咽喉腫痛、濕疹。

老中醫臨床經驗：
主治咽喉及眼部疾病、濕疹、手腕痛、手指麻木。

三間穴 「清熱利咽治喉痹」　　　瀉熱、止痛、利咽

取穴

位於手食指本節（第二掌指關節）後，橈側凹陷處。

自然療法

按摩 用拇指指腹稍用力按揉三間200次，可防治咽喉及眼部疾病。

艾灸 用艾條溫和灸 5 ～ 10 分鐘，每天一次，可治療手背及手指疼痛。

老中醫臨床經驗：
主治目赤腫痛、牙痛、咽喉腫痛、身熱、手背及手指疼痛等病症。

合谷穴 「面口疾病第一穴」

鎮靜止痛、通經活絡

取穴

位於手背，第一、二掌骨間，當第二掌骨橈側的中點處。

自然療法

按摩 用拇指指尖用力掐揉合谷 100 ～ 200 次，每天堅持，可治療急性腹痛、頭痛等病症。

艾灸 用艾條溫和灸 10 分鐘，每天一次，可治療頭面部疾患，如頭痛、頭暈、目赤腫痛、牙齦腫痛、面腫等病症。

按摩圖

艾灸圖

老中醫臨床經驗：
主治頭痛、頭暈、目赤腫痛、牙齦腫痛、面腫、急性腹痛等病症。

配伍治病：
合谷配頰車、迎香，主治牙齦腫痛、面癱。合谷配太衝，主治癲狂、頭痛、眩暈。合谷配三陰交，主治月經不調、痛經、閉經、滯產。

偏歷穴 「清熱利尿治臂痛」

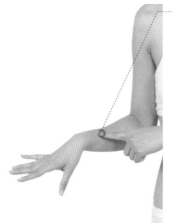

取穴

位於前臂背面橈側，當陽溪與曲池連線上，腕背橫紋上 3 寸。

自然療法

按摩 用拇指按揉偏歷 200 次，可治療前臂痛、耳鳴、牙痛等病症。

艾灸 用艾條溫和灸 5 ～ 10 分鐘，每天一次，可改善前臂冷痛。

老中醫臨床經驗：
主治牙痛、耳鳴、腹痛、前臂痛、前臂冷痛等病症。

溫溜穴 「清熱理氣消炎症」

清熱理氣

取穴

位於前臂背面橈側，當陽溪與曲池的連線上，腕橫紋上 5 寸。

自然療法

按摩 用拇指按揉溫溜 200 次，可防治鼻出血、牙痛、前臂痛。

艾灸 用艾條溫和灸 5 ～ 10 分鐘，每天一次，可改善前臂冷痛。

老中醫臨床經驗：
主治口腔炎、扁桃體炎、鼻出血、牙痛、面神經麻痹、前臂疼痛等。

下廉穴 「輕便手肘通經絡」

調理腸胃、通經活絡

取穴

位於前臂背面橈側，當陽溪與曲池連線上，肘橫紋下 4 寸處。

自然療法

按摩 ▶ 用拇指按揉下廉 100 次，可治療腹痛、前臂痛等病症。

艾灸 ▶ 用艾條溫和灸 5 ～ 10 分鐘，每天一次，可改善頭痛、風濕痹痛。

老中醫臨床經驗：
主治頭痛、眩暈、目痛、肘臂痛、腹脹、腹痛、風濕痹痛等病症。

上廉穴 「防治肩周理腸胃」

調理腸胃、通經活絡

取穴

位於前臂背面橈側，當陽溪與曲池連線上，肘橫紋下 3 寸處。

自然療法

按摩 ▶ 用拇指按揉上廉 100 次，可治療腹痛、上肢痹痛。

艾灸 ▶ 用艾條溫和灸 5 ～ 10 分鐘，每天一次，可改善腸鳴、洩瀉。

老中醫臨床經驗：
主治頭痛、肩臂痠痛、半身不遂、手臂麻木、腸鳴、腹痛等病症。

曲池穴 「清熱解表調氣血」

取穴

位於肘橫紋外側端，屈肘，當尺澤與肱骨外上髁連線中點。

自然療法

按摩 用拇指指腹稍用力揉按曲池 100～200 次，可防治肩臂肘疼痛。

艾灸 用艾條溫和灸 5～10 分鐘，每天一次，可改善肘痛、上肢痺痛等病症。

按摩圖

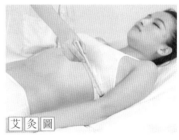

艾灸圖

老中醫臨床經驗：
主治肩臂肘疼痛、上肢痺痛、咽喉腫痛、便秘、頭痛、發熱等病症。

配伍治病：
曲池配合谷、外關，主治感冒發熱、咽喉炎、扁桃體炎、目赤。曲池配合谷、血海、委中、膈俞，主治丹毒、蕁麻疹。

手三里穴 「提高免疫腸胃好」 清熱明目、調理腸胃

取穴

位於前臂背面橈側，當陽溪與曲池的連線上，肘橫紋下 2 寸。

自然療法

按摩 用拇指按揉手三里 200 次，可治療上肢痹痛、腹痛、洩瀉。

艾灸 用艾條溫和灸 5 ～ 10 分鐘，每天一次，可治牙痛、洩瀉等病症。

老中醫臨床經驗：
主治目赤腫痛、牙痛、上肢痹痛、腹痛、洩瀉等病症。

手五里穴 「舒經活絡止疼痛」 理氣散結、通經活絡

取穴

位於臂外側，當曲池與肩髃連線上，肘橫紋上 3 寸處。

自然療法

按摩 用拇指彈撥手五里 200 次，可防治肩臂肘疼痛。

艾灸 用艾條溫和灸 5 ～ 10 分鐘，每天一次，可改善上肢痹痛、肘痛。

老中醫臨床經驗：
主治肺炎、扁桃體炎、嗜睡、上肢痹痛、肩臂肘疼痛等病症。

肘髎穴 「舒經活絡肘痛消」 舒經活絡

取穴

位於臂外側，屈肘，曲池上方 1 寸，當肱骨邊緣處。

自然療法

按摩 用拇指按揉肘髎 100 次，可防治肩臂肘疼痛麻木。

艾灸 用艾條溫和灸 5～10 分鐘，每天一次，可治療上肢痹痛、肘痛。

老中醫臨床經驗：
主治上肢痹痛、肩臂肘疼痛或麻木等病症。

臂臑穴 「消除眼疾止痹痛」 清熱明目、通經通絡

取穴

位於臂外側，三角肌止點處，當曲池與肩髃的連線上，曲池上 7 寸。

自然療法

按摩 用拇指按揉臂臑 200 次，每天堅持，可防治肩臂疼痛。

艾灸 用艾條溫和灸 5～10 分鐘，每天一次，可改善肩臂痹痛、目痛。

老中醫臨床經驗：
主治頸痛、肩臂疼痛、肩周炎、目痛等病症。

肩髃穴 「舒緩頸肩疼痛」

取 穴

位於肩部三角肌上，臂外展或向前平伸時，當肩峰前下方凹陷處。

自然療法

按 摩 用拇指按揉肩髃 100 次，每天堅持，可防治肩臂疼痛。

艾 灸 用艾條溫和灸 5 ～ 10 分鐘，可改善肩臂痹痛、上肢不遂等病症。

老中醫臨床經驗：
主治肩臂痹痛、上肢不遂等病症。

巨骨穴 「疏通肩頸有妙招」

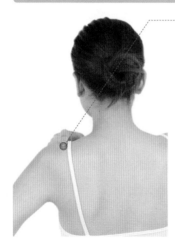

取 穴

位於肩上部，當鎖骨肩峰端與肩胛岡之間凹陷處。

自然療法

按 摩 用拇指按揉巨骨 100 次，每天堅持，可防治肩臂疼痛。

艾 灸 用艾條溫和灸 5 ～ 10 分鐘，每天一次，可改善肩周炎。

老中醫臨床經驗：
主治肩臂痛、肩周炎、胃出血、吐血、甲狀腺腫大等病症。

天鼎穴 「理氣散結消喉腫」

理氣散結、清咽利喉

取穴

位於頸外側部，胸鎖乳突肌後緣，橫平環狀軟骨。

自然療法

按摩 用拇指指腹按揉天鼎 1～3 分鐘，可治肩臂痛、咽喉腫痛。

艾灸 用艾條溫和灸 5 分鐘，每天一次，可治咽喉腫痛、甲狀腺腫大。

老中醫臨床經驗：
主治咽喉腫痛、甲狀腺腫大、扁桃體炎、肩臂痛等病症。

扶突穴 「清咽消腫喉清爽」

清咽消腫、理氣降逆

取穴

位於頸外側部，當胸鎖乳突肌前、後緣之間，與甲狀軟骨喉結相平處。

自然療法

按摩 用食指、中指指腹按壓扶突 1～3 分鐘，可治療甲狀腺疾病。

艾灸 用艾條溫和灸 5～10 分鐘，每天一次，可治咳嗽、氣喘。

老中醫臨床經驗：
主治咳嗽、氣喘、咽喉腫痛、甲狀腺疾病等病症。

口禾髎穴 「祛風清熱開鼻竅」 開竅、祛風、清熱

取穴

位於上唇部，鼻孔外緣直下，橫平人中溝上 1/3 與下 2/3 交點。

自然療法

按 摩 用拇指按揉口禾髎 200 次，每天堅持，可防治鼻部疾患。

刮 痧 用角刮法刮拭口禾髎 3 ～ 5 分鐘，隔天一次，可治療鼻部疾患。

老中醫臨床經驗：
主治鼻炎、鼻出血、嗅覺減退、面神經麻痹、面肌痙攣等病症。

迎香穴 「祛風止痛通鼻竅」 祛風通竅、理氣止痛

取穴

位於鼻翼外緣中點旁，當鼻唇溝中。

自然療法

按 摩 用拇指指腹稍用力按揉迎香 100 ～ 200 次，可防治鼻部疾患。

刮 痧 用角刮法刮拭迎香 3 分鐘，隔天一次，可治療鼻部疾患。

老中醫臨床經驗：
主治鼻塞、不聞香臭、鼻出血、鼻炎、口眼歪斜、鼻瘜肉等病症。

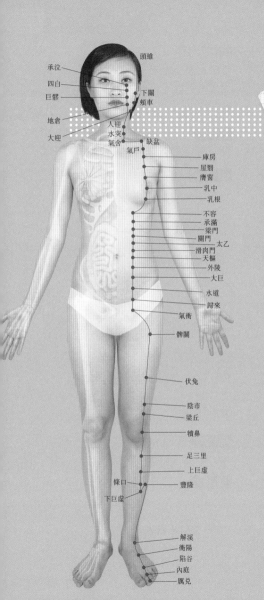

承泣
四白
巨髎
地倉
大迎
頭維
下關
頰車
人迎
水突
氣舍
氣戶
缺盆
庫房
屋翳
膺窗
乳中
乳根
不容
承滿
梁門
關門
太乙
滑肉門
天樞
外陵
大巨
水道
歸來
氣衝
髀關
伏兔
陰市
梁丘
犢鼻
足三里
上巨虛
條口
下巨虛
豐隆
解溪
衝陽
陷谷
內庭
厲兌

第 4 章

足陽明胃經

足陽明胃經有四十五個穴位。胃經腧穴主治消化系統、神經系統、呼吸系統、循環系統的某些病症，以及咽喉、頭面、口、牙、鼻等器官病症，還可以治療本經脈循行部位的病症。

承泣穴 「迎風流淚按此穴」 散風清熱、明目止淚

取穴

位於面部，瞳孔直下，當眼球與眶下緣之間。

自然療法

按摩 ▶ 用食指指尖揉按承泣 100 次，每天堅持，可防治眼部疾病。

刮痧 ▶ 由內向外刮拭承泣 2 分鐘，隔天一次，可清熱、溫通氣血。

老中醫臨床經驗：
主治眼部疾患。

四白穴 「各種眼病常按揉」 祛風明目、通經活絡

取穴

位於眼眶下緣正中直下一橫指處。

自然療法

按摩 ▶ 用食指指腹輕輕揉按四白 100 次，可防治眼部疾患。

刮痧 ▶ 由內向外刮拭四白 2 ～ 3 分鐘，隔天一次，有通絡明目的作用。

老中醫臨床經驗：
主治眼部疾患。

巨髎穴 「頭面五官全佔驗」 祛風通竅

取穴

位於瞳孔直下，平鼻翼下緣處，當鼻唇溝外側。

自然療法

按摩 用食指、中指指腹揉按巨髎100 ～ 200 次，可治面癱、近視。

刮痧 由內向外刮拭 2 ～ 3 分鐘，隔天一次，可治療目赤腫痛、牙痛。

老中醫臨床經驗：
主治白內障、目赤腫痛、鼻出血、口眼歪斜、近視眼、牙痛等病症。

地倉穴 「治療面癱常用穴」 祛風止痛、舒經活絡

取穴

位於面部，口角外側，上直對瞳孔。

自然療法

按摩 用拇指指腹稍用力揉按地倉100 ～ 200 次，可治療口角歪斜。

刮痧 由內向外刮拭 2 ～ 3 分鐘，可治療面神經麻痹、三叉神經痛。

老中醫臨床經驗：
主治口角歪斜、面神經麻痹、三叉神經痛、流涎等病症。

大迎穴　「牙面疼痛尋大迎」　通關開竅、祛風通絡

取穴
位於面部，下頜角前方咬肌附着部前緣，當面動脈搏動處。

自然療法
按摩 用拇指指腹用力揉按大迎 3 分鐘，可防治面癱、牙痛等病症。

刮痧 由上向下刮拭 2 ～ 3 分鐘，治療面肌痙攣、三叉神經痛等病症。

老中醫臨床經驗：
主治牙關緊閉、牙痛、頰腫、面肌痙攣、三叉神經痛等病症。

頰車穴　「消腫止痛瀉胃火」　祛風清熱、開關通絡

取穴
位於面頰部，下頜角前上方約一橫指，咀嚼時咬肌隆起，按之凹陷處。

自然療法
按摩 用食指、中指指腹揉按頰車 100 ～ 200 次，可治療腮腺炎等病症。

刮痧 由上向下刮拭 2 ～ 3 分鐘，可治療面神經麻痹、牙髓炎等病症。

老中醫臨床經驗：
主治下頜關節炎、咀嚼肌痙攣、面神經麻痹、腮腺炎、牙髓炎等。

下關穴 「牙痛耳病均有效」 消腫止痛、聰耳通絡

取穴

位於面部耳前方，當顴弓與下頜切跡所形成的凹陷中。

自然療法

按摩 用食指、中指指腹揉按下關3～5分鐘，可治療顳頜關節炎。

艾灸 用艾條溫和灸下關10分鐘，可治療耳聾、耳鳴等病症。

老中醫臨床經驗：
主治顳頜關節炎、牙痛、口眼歪斜、耳鳴、耳聾等病症。

頭維穴 「清肝火治偏頭痛」 鎮驚安神、通絡止痛

取穴

位於頭側部，當額角髮際上0.5寸，頭正中線旁4.5寸。

自然療法

按摩 用拇指指腹按摩頭維3～5分鐘，可治療中風後遺症、高血壓。

刮痧 由上向下刮拭頭維2～3分鐘，可治療視物不明、偏頭痛。

老中醫臨床經驗：
主治中風後遺症、高血壓、前額神經痛、偏頭痛、視物不明等病症。

人迎穴 「咽炎哮喘找人迎」 利咽散結、理氣平喘

取穴
位於頸部，喉結旁，當胸鎖乳突肌的前緣，頸總動脈搏動處。

自然療法
按摩 用食指、中指指腹揉按人迎100～200次，可治咽喉腫痛、氣喘。

刮痧 由上向下刮拭2～3分鐘，隔天一次，可治療高血壓、哮喘。

老中醫臨床經驗：
主治咽喉腫痛、氣喘、頭痛、咽喉腫痛、高血壓、哮喘等病症。

水突穴 「清熱利咽找水突」 清熱利咽、降逆平喘

取穴
位於頸部，胸鎖乳突肌的前緣，當人迎與氣舍連線的中點。

自然療法
按摩 用食指、中指指腹揉按水突100次，可治療支氣管炎、咽喉炎。

刮痧 由上向下輕柔刮拭2～3分鐘，隔天一次，可治療咽喉腫痛。

老中醫臨床經驗：
主治咽喉腫痛、咳嗽、氣喘、支氣管炎、咽喉炎等病症。

氣舍穴 「軟堅散結止咳喘」 宣肺止咳、降氣平喘

取穴

位於頸部，當鎖骨內側端的上緣，胸鎖乳突肌的胸骨頭與鎖骨頭之間。

自然療法

按摩 用食指、中指指腹揉按氣舍100 ～ 200 次，可治頸項強直、落枕。

艾灸 用艾條溫和灸 10 分鐘，一天一次，可治療呃逆、頸淋巴結腫大、頸淋巴結結核。

老中醫臨床經驗：
主治咽喉腫痛、氣喘、呃逆、頸淋巴結腫大、頸淋巴結結核、頸項強直、落枕。

缺盆穴 「咽喉腫痛找缺盆」 寬胸利膈、止咳平喘

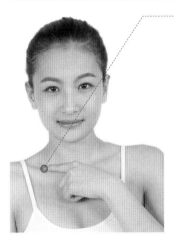

取穴

位於人體的鎖骨上窩中央，距前正中線 4 寸。

自然療法

按摩 用食指、中指指腹壓揉缺盆2 ～ 3 分鐘，可治咳嗽、哮喘等病症。

刮痧 沿鎖骨向下刮拭 2 ～ 3 分鐘，隔天一次，可防治頸部和肩部病症。

老中醫臨床經驗：
主治咳嗽、哮喘、氣管炎、咽喉腫痛、胸膜炎、頸肩部疼痛等病症。

氣戶穴 「寬胸理氣止咳喘」 理氣寬胸、止咳平喘

取穴

位於胸部，鎖骨中點下緣，任脈旁開 4 寸。

自然療法

按摩 用拇指指腹揉按氣戶 2 ～ 3 分鐘，可改善呼吸，治療哮喘、胸悶。

艾灸 用艾條溫和灸氣戶 10 分鐘，可治療呃逆、咳嗽、氣喘等病症。

老中醫臨床經驗：
主治咳嗽、氣喘、呃逆、胸痛、胸悶、脅肋疼痛等病症。

庫房穴 「胸脅脹痛取庫房」 理氣寬胸、清熱化痰

取穴

位於胸部，第一肋間隙，距前正中線 4 寸。

自然療法

按摩 用拇指指腹推按庫房 1 ～ 3 分鐘，可治療氣喘、呼吸不暢等病症。

艾灸 用艾條雀啄灸 10 分鐘，一天一次，可治療咳痰、胸脅脹痛。

老中醫臨床經驗：
主治咳嗽、氣喘、呼吸不暢、胸脅脹痛等病症。

屋翳穴 「行氣活血通乳」

疏通乳腺、行氣活血

取穴
位於胸部，第二肋間隙，距前正中線 4 寸。

自然療法

按摩 用拇指指腹推按屋翳 1～3 分鐘，可改善氣喘、呼吸不暢等病症。

艾灸 用艾條迴旋灸 10 分鐘，可治療咳痰、咯血、乳腺炎等病症。

老中醫臨床經驗：
主治咳嗽、氣喘、呼吸不暢、胸脅脹痛、乳腺炎等病症。

膺窗穴 「止咳消腫治咳喘」

止咳寧嗽、消腫清熱

取穴
位於胸部，第三肋間隙，距前正中線 4 寸。

自然療法

按摩 用拇指指腹點按膺窗 1～3 分鐘，可改善氣喘、呼吸不暢、乳腺炎。

艾灸 用艾條溫和灸 10 分鐘，可治療胸脅脹痛、胸膜炎等病症。

老中醫臨床經驗：
主治咳嗽、氣喘、呼吸不暢、胸脅脹痛、乳腺炎、胸膜炎等病症。

乳中穴 「疏通乳腺泌乳汁」　通乳散結

取穴

位於胸部，第四肋間隙，乳頭中央，任脈旁開 4 寸。

自然療法

按摩 用拇指指腹輕輕點按乳中 1 ～ 3 分鐘，長期堅持，可改善胸悶，胸痛，胸膜炎，乳腺增生、乳腺炎等乳腺疾病。

老中醫臨床經驗：
主治胸悶，胸痛，胸膜炎，乳腺增生、乳腺炎等乳腺疾病。

乳根穴 「乳腺疾患不用愁」　通乳化瘀、燥化脾濕

取穴

位於胸部，乳頭直下，乳房根部，第五肋間隙，任脈旁開 4 寸。

自然療法

按摩 用拇指指腹按揉乳根 300 次，長期按摩，可改善胸痛、肋間神經痛。

艾灸 用艾條雀啄灸 10 分鐘，可治療乳腺炎、乳汁不足等病症。

老中醫臨床經驗：
主治乳汁不足、乳腺炎、胸痛、肋間神經痛等病症。

不容穴 「和胃止嘔止脅痛」

和胃止嘔

取穴

位於上腹部，當臍中上 6 寸，任脈旁開 2 寸。

自然療法

按摩 用手掌大魚際輕輕按揉不容 2～3 分鐘，可改善腹脹、胃脘痛等病症。

艾灸 用艾條溫和灸 10 分鐘，可治療胸背痛、脅肋痛、胃脘痛等病症。

老中醫臨床經驗：
主治腹脹、胃脘痛、嘔吐、吐血、咳喘、脅肋痛、胸背痛等病症。

承滿穴 「健脾和胃助消化」

調中化滯、健脾和胃

取穴

位於上腹部，當臍中上 5 寸，任脈旁開 2 寸。

自然療法

按摩 用手掌根部推按承滿 2～3 分鐘，可改善胃痛、食慾不振等病症。

艾灸 用艾條溫和灸 10 分鐘，可治療呃逆、吐血、腸鳴、胃痛等病症。

老中醫臨床經驗：
主治腸鳴、嘔吐、呃逆、吐血、胃痛、食慾不振等病症。

關門穴 「利水消腫調腸胃」 調理腸胃、利水消腫

取穴

位於上腹部，當臍中上 3 寸，任脈旁開 2 寸。

自然療法

按摩 用手指關節叩擊關門 2 ～ 3 分鐘，可改善胃痛、便秘等病症。

艾灸 用艾條溫和灸 10 分鐘，可治療胃炎、胃痛、遺尿、水腫等病症。

老中醫臨床經驗：
主治胃炎、胃痛、便秘、遺尿、水腫等病症。

太乙穴 「腹脹腸鳴求太乙」 和胃止痛、順氣通腸

取穴

位於上腹部，當臍中上 2 寸，距前正中線旁開 2 寸。

自然療法

按摩 用手掌根部按揉太乙 2 ～ 3 分鐘，長期按摩，可改善胃病、心病。

艾灸 用艾條懸灸 5 ～ 10 分鐘，可治療腹痛、腹脹等病症。

老中醫臨床經驗：
主治腹痛、腹脹、腸鳴、胃病、心病、水腫等病症。

天樞穴 「健脾理氣治便秘」 調中和胃、健脾理氣

取穴
位於腹部，臍中水平旁開 2 寸。

自然療法

按摩 用手指指腹按揉天樞 1 ～ 3 分鐘，可改善便秘、消化不良等病症。

艾灸 用艾條回旋灸 10 分鐘，可治療腹痛、腹脹、消化不良等病症。

老中醫臨床經驗：
主治便秘、消化不良、腹脹、腹痛、腹瀉、痢疾等病症。

外陵穴 「理氣止痛消炎症」 和胃化濕、理氣止痛

取穴
位於下腹部，當臍中下 1 寸，任脈旁開 2 寸。

自然療法

按摩 用手掌根部推按外陵 2 ～ 3 分鐘，可改善胃炎、腸炎等病症。

艾灸 用艾條回旋灸 10 分鐘，一天一次，可改善腸痙攣、腸炎。

老中醫臨床經驗：
主治胃炎、腸炎、腸痙攣、闌尾炎等病症。

大巨穴 「調理腸胃按大巨」 調經止痛

取穴

位於下腹部，當臍中下 2 寸，距前正中線 2 寸。

自然療法

按摩 用拇指指腹點按大巨 1 ～ 3 分鐘，可改善便秘、小便不利等病症。

艾灸 用艾條溫和灸 10 分鐘，可治小腹脹滿、腸炎等病症。

老中醫臨床經驗：
主治小腹脹滿、腸炎、便秘、小便不利、膀胱炎、尿道炎等病症。

水道穴 「治療水病效果強」 通調水道、調經止痛

取穴

位於下腹部，當臍中下 3 寸，任脈旁開 2 寸。

自然療法

按摩 用手指指腹點按水道 1 ～ 3 分鐘，可改善小便不利、痛經等病症。

艾灸 用艾條溫和灸 10 分鐘，可治小腹脹滿、腹痛、月經不調等病症。

老中醫臨床經驗：
主治小便不利、痛經、月經不調、小腹脹痛等病症。

歸來穴 「調經止帶月經順」

取穴

位於下腹部，當臍中下 4 寸，任脈旁開 2 寸。

自然療法

按摩 用手指指腹按揉歸來 3 ～ 5 分鐘，可改善疝氣、月經不調等病症。

艾灸 用艾條雀啄灸 5 ～ 10 分鐘，可治療腹痛、帶下病等病症。

老中醫臨床經驗：
主治疝氣、月經不調、帶下病、腹痛等病症。

氣衝穴 「婦科問題氣衝用」

調經止帶

取穴

位於下腹部， 當臍中下 5 寸，任脈旁開 2 寸。

自然療法

按摩 用手指指腹按揉氣衝 3 ～ 5 分鐘，可改善月經不調、疝氣等病症。

艾灸 用艾條雀啄灸 5 ～ 10 分鐘，可治療腹痛、月經不調等病症。

老中醫臨床經驗：
主治腹脹腸鳴、腹痛、疝氣、月經不調、不孕、陽痿、陰腫等病症。

髀關穴 「祛風濕、通經絡」

祛風濕、通經絡

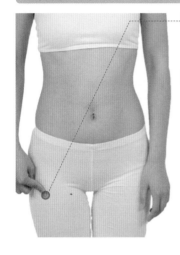

取穴

位於大腿前面，髂前上棘與髕底外側端的連線上，屈髖時，平會陰。

自然療法

按摩 用手掌根部推按髀關 1 ～ 3 分鐘，可改善腰痛、膝冷等病症。

艾灸 用艾條迴旋灸 5 ～ 10 分鐘，可治療腹痛、腰痛等病症。

老中醫臨床經驗：
主治腰痛、膝冷、腹痛等病症。

伏兔穴 「下肢毛病伏兔找」

祛風除濕、通經活絡

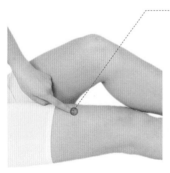

取穴

位於大腿前面，髂前上棘與髕骨外側端的連線上，髕骨上緣上 6 寸。

自然療法

按摩 用手掌小魚際敲擊伏兔 3 分鐘，可改善婦科病、腰痛膝冷。

艾灸 用艾條溫和灸 5 ～ 10 分鐘，可治腹脹、腹痛、下肢麻痹等病症。

老中醫臨床經驗：
主治腰痛膝冷、下肢麻痹、婦科病、疝氣、腹痛等病症。

陰市穴 「膝腿痿痹取陰市」 溫經散寒、理氣止痛

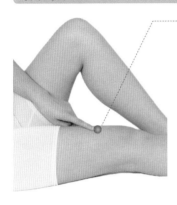

取穴
位於大腿前面，髂前上棘與髕底外側端的連線上，髕底上 3 寸。

自然療法

按摩 用手指指腹點按陰市 1 ～ 3 分鐘，可改善屈伸不利、疝氣等病症。

艾灸 用艾條溫和灸 5 ～ 10 分鐘，可治療腹脹、腹痛、疝氣等病症。

老中醫臨床經驗：
主治膝腿痿痹、屈伸不利、疝氣、腹脹、腹痛等病症。

梁丘穴 「膝關節痛療效佳」 理氣和胃、通經活絡

取穴
位於大腿前面，當髂前上棘與髕底外側端的連線上，髕底上 2 寸。

自然療法

按摩 用手指指腹推按梁丘 1 ～ 3 分鐘，可改善胃痙攣、膝關節痛。

艾灸 用艾條溫和灸 5 ～ 10 分鐘，可治療腹脹、腹痛、腹瀉等病症。

老中醫臨床經驗：
主治胃痙攣、腹脹、腹痛、腹瀉、膝關節痛等病症。

犢鼻穴 「治療下肢又定位」 通經活絡、消腫止痛

取穴

屈膝，位於膝部，髕骨與髕韌帶外側凹陷中。

自然療法

按摩 用手掌小魚際敲擊犢鼻 3 分鐘，可改善下肢麻痺。

艾灸 用艾條迴旋灸 5 ～ 10 分鐘，可治療屈伸不利等病症。

老中醫臨床經驗：
主治膝痛、膝冷、下肢麻痺、關節屈伸不利等病症。

足三里穴 「常按勝吃老母雞」 生發胃氣、燥化脾濕

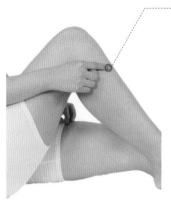

取穴

位於小腿前外側，當犢鼻下 3 寸，距脛骨前緣一橫指（中指）。

自然療法

按摩 用手指指腹推按足三里 3 分鐘，可改善消化不良、下肢痿痺。

艾灸 用艾條溫和灸 5 ～ 10 分鐘，可治療腹脹、腹痛、下肢不遂。

老中醫臨床經驗：
主治消化不良、嘔吐、腹脹、腹痛、腸鳴、下肢痿痺等病症。

上巨虛穴　「大腸疾患找上巨虛」　調和腸胃、通經活絡

取穴

位於小腿前外側，當犢鼻下 6 寸，距脛骨前緣一橫指（中指）。

自然療法

按摩 用手指指腹推按上巨虛 1 ～ 3 分鐘，可改善便秘、膝腿痠痛。

艾灸 用艾條雀啄灸 5 ～ 10 分鐘，可治療闌尾炎、胃腸炎、下肢痿痹。

老中醫臨床經驗：
主治腹痛、腹瀉、便秘、胃腸炎、闌尾炎、下肢痿痹、膝腿痠痛。

條口穴　「關節不利找條口」　調腸胃、理氣、清熱

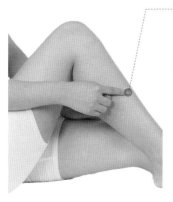

取穴

位於小腿前外側，當犢鼻下 8 寸，距脛骨前緣一橫指（中指）。

自然療法

按摩 用手指關節推按條口 2 ～ 3 分鐘，可改善肩周炎、膝關節炎。

艾灸 用艾條迴旋灸 5 ～ 10 分鐘，可治療胃痙攣、腸炎等病症。

老中醫臨床經驗：
主治肩周炎、膝關節炎、下肢屈伸不利、胃痙攣、腸炎等病症。

下巨虛穴 「小腸疾患下巨虛」

調腸胃、通經絡

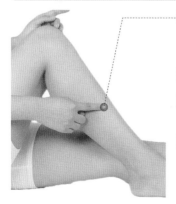

取穴

位於小腿前外側，當犢鼻下 9 寸，距脛骨前緣一橫指（中指）。

自然療法

按摩 用手指指腹推按下巨虛 3 分鐘，可改善下肢麻痺。

艾灸 用艾條溫和灸 5 ～ 10 分鐘，可治療腹脹、腹痛等病症。

老中醫臨床經驗：
主治腹脹、腹痛、下肢麻痺、瀉痢等病症。

豐隆穴 「化痰袪濕降血脂」

化痰袪濕

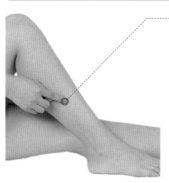

取穴

位於小腿前外側，當外踝尖上 8 寸，距脛骨前緣二橫指（中指）。

自然療法

按摩 用手指指腹點按豐隆 3 ～ 5 分鐘，可改善胸悶、眩暈、腿痛。

艾灸 用艾條溫和灸 5 ～ 10 分鐘，可治療咳嗽、胸悶、膝腿痛等病症。

老中醫臨床經驗：
主治咳嗽、痰多、胸悶、眩暈、膝腿痛等病症。

解溪穴 「腦部供血更聰穎」 清胃化痰、鎮驚安神

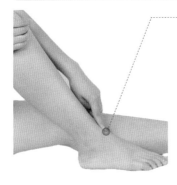

取 穴

位於足背與小腿交界處橫紋中央凹陷中，拇長伸肌腱與趾長伸肌腱之間。

自然療法

按 摩▶用手指指腹推按解溪 2 ～ 3 分鐘，可改善頭痛、腓神經麻痹。

艾 灸▶用艾條回旋灸 5 ～ 10 分鐘，可治療踝關節扭傷、胃炎等病症。

老中醫臨床經驗：
主治頭痛、癲癇、精神病、胃炎、腸炎、腓神經麻痹、踝關節扭傷。

衝陽穴 「足痿無力衝陽求」 和胃化痰、通絡寧神

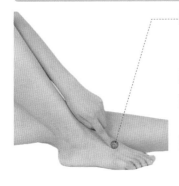

取 穴

位於足背最高處，當拇長伸肌腱和趾長伸肌腱之間，足背動脈搏動處。

自然療法

按 摩▶用手掌小魚際敲擊衝陽 3 分鐘，可改善口眼歪斜、胃病。

艾 灸▶用艾條雀啄灸 5 ～ 10 分鐘，可治療足痿無力、網球肘。

老中醫臨床經驗：
主治口眼歪斜、癲癇、胃病、足痿無力、腳痛、網球肘等病症。

陷谷穴 「面腫腿腫找陷谷」

理氣和胃、止痛利水

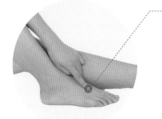

取穴

位於足背部，當第二、三跖骨間，第二跖趾關節近端凹陷處。

老中醫臨床經驗：
主治腹痛、腹脹、腸鳴、瀉痢、面目浮腫、疝氣、足背腫痛等病症。

內庭穴 「清熱解毒瀉諸火」

清胃瀉火、理氣止痛

取穴

位於足背部，當第二、三趾間，趾蹼緣後方赤白肉際處。

老中醫臨床經驗：
主治口臭、胃熱上衝、腹脹滿、小便出血、耳鳴等病症。

厲兌穴 「熱病失眠找厲兌」

化痰消腫、通絡止痛

取穴

位於足第二趾末節外側，距趾甲角0.1寸（指寸）。

老中醫臨床經驗：
主治鼻出血、牙痛、咽喉腫痛、腹脹、熱病、多夢、癲狂等病症。

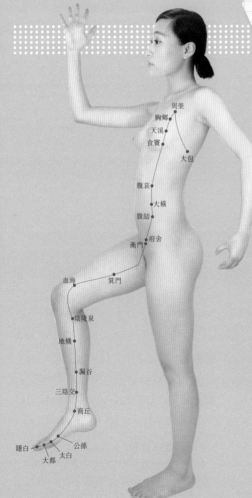

周榮
胸鄉
天溪
食竇
大包
腹哀
大橫
腹結
府舍
衝門
血海
箕門
陰陵泉
地機
漏谷
三陰交
商丘
隱白
公孫
太白
大都

第 5 章

足太陰脾經

足太陰脾經有二十一個穴位。脾經腧穴主治胃脘痛、噯氣、腹脹、便溏、黃疸、身重無力、下肢內側腫脹、厥冷、足大趾運動障礙等病症，還可以治療經脈循行部位的其他病症。

隱白穴 「崩漏便血有奇效」

調經統血、健脾回陽

取穴

位於足大趾末節內側，距趾甲角 0.1 寸（指寸）。

自然療法

按摩 用拇指指尖稍用力掐揉隱白 100 ～ 200 次，可改善崩漏、便血。

艾灸 用艾條溫和灸 5 ～ 10 分鐘，可治嘔吐、昏厥、下肢寒痹等病症。

老中醫臨床經驗：
主治嘔吐、流涎、吐血、昏厥、下肢寒痹、崩漏、便血等病症。

大都穴 「緩解疼痛利濕熱」

健脾理氣、化濕止瀉

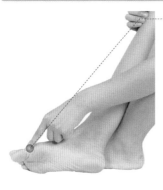

取穴

位於足內側緣，當足大趾本節（第一蹠趾關節）前下方赤白肉際凹陷處。

自然療法

按摩 用拇指指尖稍用力掐揉大都 100 ～ 200 次，可改善呃逆、胃炎。

艾灸 用艾條溫和灸 5 ～ 10 分鐘，可治洩瀉、胃痛，孕產婦禁灸。

老中醫臨床經驗：
主治洩瀉、胃痛、呃逆、胃炎、胃痙攣、腹脹、腹痛等病症。

太白穴 「健脾和胃強消化」

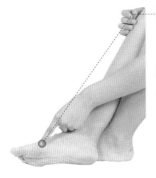

取穴

位於足內側緣，當足大趾本節（第一蹠趾關節）後下方赤白肉際凹陷處。

自然療法

按摩 用拇指尖掐揉太白 100 次，可改善腹脹、胃痛等病症。

艾灸 用艾條溫和灸 5 ～ 10 分鐘，可治療洩瀉、完穀不化等病症。

老中醫臨床經驗：
主治腹痛、腹脹、嘔吐、腹瀉、完穀不化、胃痛、便秘等病症。

公孫穴 「小腹疼痛經驗穴」

健脾胃、調沖任

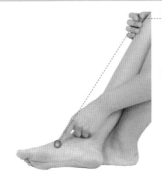

取穴

位於足內側緣，當第一蹠骨基底的前下方。

自然療法

按摩 用拇指指尖稍用力掐揉公孫 100 ～ 200 次，可改善腹痛、胃痛。

艾灸 用艾條溫和灸 5 ～ 10 分鐘，可治療嘔吐、水腫、胃痛等病症。

老中醫臨床經驗：
主治腹痛、嘔吐、水腫、胃痛、腳痛等病症。

商丘穴 「健脾消食降肺氣」 健脾化濕、宣降肺氣

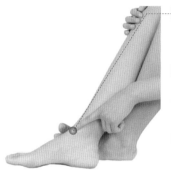

取穴

位於足內踝前下方凹陷中，當舟骨結節與內踝尖連線的中點處。

自然療法

按摩 用拇指尖掐揉商丘 100 次，每天堅持，可改善踝部疼痛。

艾灸 用艾條溫和灸 5 ～ 10 分鐘，每天一次，可治療便秘、洩瀉。

老中醫臨床經驗：
主治腹脹、腸鳴、洩瀉、便秘、咳嗽、黃疸、足踝腫痛等病症。

漏谷穴 「健脾利濕治腹瀉」 除濕利尿、健脾和胃

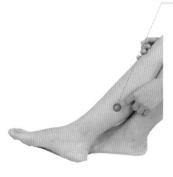

取穴

位於小腿內側，當內踝尖與陰陵泉的連線上，距內踝尖 6 寸。

自然療法

按摩 用拇指揉按漏谷 100 次，每天堅持，可改善腹脹、腹痛。

艾灸 用艾條溫和灸 5 ～ 10 分鐘，每天一次，可治療小便不利、水腫。

老中醫臨床經驗：
主治腹脹、腹痛、小便不利、水腫、腸鳴、腹瀉等病症。

三陰交穴 「婦科疾病特效穴」

健脾胃、益肝腎

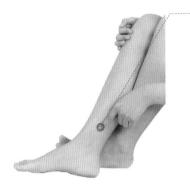

取穴

位於小腿內側,當足內踝尖上 3 寸,脛骨內側緣後方。

自然療法

按摩 用拇指指腹按揉三陰交 100 ～ 200 次,每天堅持,能夠治療月經不調、洩瀉等病症。

艾灸 用艾條溫和灸 10 分鐘,每天一次,可改善水腫、疝氣、痛經、月經不調等病症。

按摩圖

艾灸圖

老中醫臨床經驗:

主治月經不調、痛經、腹痛、洩瀉、水腫、疝氣等病症。

配伍治病:

三陰交配天樞、合谷,主治小兒急性腸炎。三陰交配中脘、足三里,主治血栓閉塞性脈管炎。三陰交配陰陵泉、膀胱俞,主治小便不通。

地機穴 「健脾和胃降血糖」 健脾滲濕、調經止帶

取穴

位於小腿內側，當內踝尖與陰陵泉的連線上，陰陵泉下 3 寸。

自然療法

按摩 用拇指按揉地機 200 次，每天堅持，可治療洩瀉、腹痛。

艾灸 用艾條溫和灸 5 ～ 10 分鐘，每天一次，可改善水腫、小便不利。

老中醫臨床經驗：
主治洩瀉、水腫、小便不利、痛經、腹痛、食慾不振等病症。

陰陵泉穴 「健脾利濕配中脘」 清利濕熱、健脾理氣

取穴

位於小腿內側，當脛骨內側髁後下方凹陷處。

自然療法

按摩 用拇指按揉陰陵泉 200 次，可治療各種脾胃病。

艾灸 用艾條溫和灸 5 ～ 10 分鐘，每天一次，可改善小便不利、痛經。

老中醫臨床經驗：
主治各種脾胃病、小便不利、痛經、水腫等病症。

血海穴 「養血活血治血證」 調經統血、健脾化濕

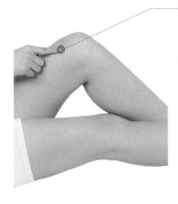

取穴
位於大腿內側，髕底內側端上 2 寸，當股四頭肌內側頭的隆起處。

自然療法

按摩 用拇指按揉血海 200 次，能夠治療崩漏、痛經等病症。

艾灸 用艾條溫和灸 5 ～ 10 分鐘，每天一次，可改善濕疹、膝痛。

老中醫臨床經驗：
主治崩漏、痛經、濕疹、膝痛、月經不調等病症。

箕門穴 「清熱利尿保健穴」 健脾滲濕、清熱利尿

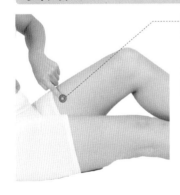

取穴
在股前區髕底內側端與衝門連線上 1/3 與下 2/3 交點，長收肌和縫匠肌交角的動脈搏動處。

自然療法

按摩 用拇指按揉箕門 100 次，每天堅持，可治療腹股溝痛。

艾灸 用艾條溫和灸 5 ～ 10 分鐘，每天一次，可改善小便不利、遺尿。

老中醫臨床經驗：
主治小便不利、遺尿、腹股溝痛、下肢麻木等病症。

衝門穴 「生殖保健常用穴」

取穴

位於腹股溝外側，距恥骨聯合上緣中點 3.5 寸，髂外動脈搏動處的外側。

自然療法

按摩 用拇指按壓衝門 1 ～ 3 分鐘，用於治療下肢痹痛、痛經、閉經。

艾灸 用艾條溫和灸 5 ～ 10 分鐘，每天一次，可改善疝氣、胎氣上衝。

老中醫臨床經驗：
主治腹痛、疝氣、崩漏、帶下病、小便不利、月經不調、胎氣上衝。

府舍穴 「腹痛便秘不用愁」

散結止痛、健脾理氣

取穴

位於下腹部，當臍中下 4.3 寸，距前正中線 4 寸。

自然療法

按摩 用拇指按揉府舍 200 次，每天堅持，可緩解腹股溝痛、便秘。

艾灸 用艾條溫和灸 5 ～ 10 分鐘，每天一次，可改善腹脹、腹痛。

老中醫臨床經驗：
主治腹痛、腹脹、疝氣、腸炎、便秘、附件炎、腹股溝痛等病症。

腹結穴 「防治腸病不可少」

取穴

位於下腹部，當臍中下 1.3 寸，距前正中線 4 寸。

自然療法

按摩 用手指指腹稍用力按揉腹結 3 分鐘，可改善疝氣、洩瀉等病症。

艾灸 用艾條溫和灸 5～10 分鐘，每天一次，可改善腹脹、腹痛。

老中醫臨床經驗：
主治腹痛、腹脹、洩瀉、疝氣、腸炎、痢疾等病症。

大橫穴 「大腸疾病它解決」

取穴

位於腹中部，距臍中 4 寸。

自然療法

按摩 用拇指按揉大橫 200 次，每天堅持，可治療繞臍疼痛。

拔罐 用氣罐留罐 5～10 分鐘，隔天一次，可改善便秘、腹脹。

老中醫臨床經驗：
主治洩瀉、便秘、腹痛、腹脹、腸鳴等病症。

腹哀穴 「健脾和胃助消化」

取穴

位於上腹部，當臍中上 3 寸，距前正中線 4 寸。

自然療法

按摩 ▶ 用拇指按揉腹哀 200 次，可治療消化不良、腹脹。

艾灸 ▶ 用艾條溫和灸 5 ～ 10 分鐘，每天一次，可改善繞臍疼痛。

老中醫臨床經驗：
主治消化不良、腹痛、腹脹、便秘、痢疾、胃潰瘍、繞臍疼痛等。

食竇穴 「利水消腫消炎症」

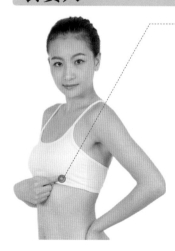

取穴

位於胸外側部，當第五肋間隙，距前正中線 6 寸。

自然療法

按摩 ▶ 用拇指按揉食竇 200 次，每天堅持，可治療胸脅脹痛。

艾灸 ▶ 用艾條溫和灸 5 ～ 10 分鐘，每天一次，可改善水腫、胸膜炎。

老中醫臨床經驗：
主治胸脅脹痛、腹脹、水腫、胸膜炎、肺炎、肋間神經痛等病症。

天溪穴 「泌乳良穴乳汁通」 止咳通乳、寬胸理氣

取穴

位於胸外側部，當第四肋間隙，距前正中線 6 寸處。

自然療法

按摩 用拇指按揉天溪 200 次，每天堅持，可治療胸脅脹痛。

艾灸 用艾條溫和灸 5～10 分鐘，每天一次，可改善咳嗽、乳腺炎。

老中醫臨床經驗：
主治胸脅脹痛、咳嗽、肺炎、乳腺炎、乳汁少等病症。

胸鄉穴 「胸部疾病找胸鄉」 理氣止痛、宣肺止咳

取穴

位於胸外側部，當第三肋間隙，距前正中線 6 寸。

自然療法

按摩 用拇指按揉胸鄉 200 次，每天堅持，可治療胸脅脹痛、哮喘。

艾灸 用艾條溫和灸 5～10 分鐘，每天一次，可改善胸脅脹痛、肺炎。

老中醫臨床經驗：
主治肺炎、支氣管炎、哮喘、胸膜炎、胸脅脹痛、肋間神經痛等。

周榮穴 「順氣強肺化痰濕」 理氣化痰、宣肺平喘

取穴

位於胸外側部，當第二肋間隙，距前正中線 6 寸。

自然療法

按摩 用拇指按揉周榮 200 次，每天堅持，可治療胸脅脹痛。

艾灸 用艾條溫和灸 5 ～ 10 分鐘，可改善咳嗽、胸脅脹痛等病症。

老中醫臨床經驗：
主治咳嗽、氣逆、胸膜炎、胸脅脹滿、肋間神經痛等病症。

大包穴 「脾虛乏力強健穴」 止痛安神

取穴

位於側胸部，腋中線上，當第六肋間隙處。

自然療法

按摩 用拇指按揉大包 200 次，每天堅持，可治療胸脅脹痛。

艾灸 用艾條溫和灸 5 ～ 10 分鐘，每天一次，可改善全身乏力痠痛。

老中醫臨床經驗：
主治胸脅脹痛、全身乏力、肌肉痠痛等病症。

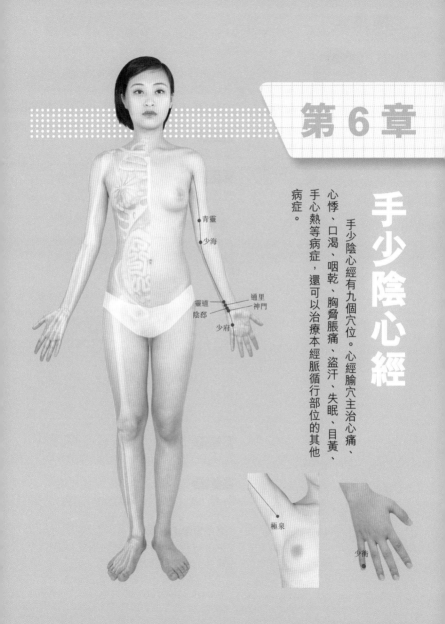

第 6 章

手少陰心經

手少陰心經有九個穴位。心經腧穴主治心痛、心悸、口渴、咽乾、胸脅脹痛、盜汗、失眠、目黃、手心熱等病症，還可以治療本經脈循行部位的其他病症。

青靈
少海
靈道
陰郄
通里
神門
少府

極泉

少衝

極泉穴 「健腦強心止脅痛」 通絡強心、清瀉心火

取穴

位於腋窩正中，腋動脈搏動處。

自然療法

按摩 用拇指按壓極泉 1 ～ 3 分鐘，可改善上肢冷痛麻木。

艾灸 用艾條溫和灸 5 ～ 10 分鐘，每天一次，可緩解上肢冷痛、心悸。

老中醫臨床經驗：
主治心痛、心悸、咽乾、煩渴、脅肋疼痛、上肢冷痛麻木等病症。

青靈穴 「寬胸理氣止疼痛」 理氣止痛、寬胸寧心

取穴

位於臂內側，肘橫紋上 3 寸，肱二頭肌的內側溝中。

自然療法

按摩 用拇指彈撥青靈片刻後鬆開，反覆20 ～ 30次，可治上肢痹痛。

艾灸 用艾條溫和灸 5 ～ 10 分鐘，每天一次，可緩解上肢痹痛、心痛。

老中醫臨床經驗：
主治心痛、神經性頭痛、肋間神經痛、上肢痹痛等病症。

少海穴 「胳膊疾病找少海」 理氣通絡、益心安神

取穴

屈肘，當肘橫紋內側端與肱骨內上髁連線的中點處。

自然療法

按摩 用拇指揉按少海 100 次，可防治前臂麻木。

艾灸 用艾條溫和灸 5 ～ 10 分鐘，可緩解肱骨內上髁炎、心痛等病症。

老中醫臨床經驗：
主治前臂麻木、肱骨內上髁炎、心痛、健忘等病症。

靈道穴 「靈道安神祛痛強」 寧心、安神、通絡

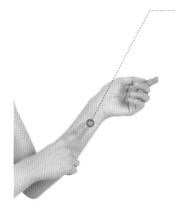

取穴

位於前臂掌側，當尺側腕屈肌腱的橈側緣，腕橫紋上 1.5 寸。

自然療法

按摩 用拇指揉按靈道 100 次，可防治前臂疼痛、手腕痛。

艾灸 用艾條溫和灸 5 ～ 10 分鐘，每天一次，可緩解前臂冷痛、心痛。

老中醫臨床經驗：
主治心痛、肘臂攣痛、前臂冷痛、手腕痛、失語等病症。

通里穴 「鎮靜安神調心氣」 清心安神、通經活絡

取穴

位於前臂掌側，當尺側腕屈肌腱的橈側緣，腕橫紋上 1 寸。

自然療法

按摩 ▶ 用拇指揉按通里 100 次，可防治前臂麻木、心悸等病症。

艾灸 ▶ 用艾條溫和灸 5 ～ 10 分鐘，可緩解崩漏、失眠、心痛等病症。

老中醫臨床經驗：
主治心悸、失眠、心痛、前臂麻木、崩漏等病症。

陰郄穴 「清心安神治心痛」 清心滋陰、安神固表

取穴

位於前臂掌側，當尺側腕屈肌腱的橈側緣，腕橫紋上 0.5 寸。

自然療法

按摩 ▶ 用拇指彈撥陰郄後鬆開，反覆 30 ～ 50 次，可治前臂麻木、心痛。

艾灸 ▶ 用艾條雀啄灸 5 ～ 10 分鐘，可改善吐血、頭痛、眩暈、心痛。

老中醫臨床經驗：
主治心痛、神經衰弱、頭痛、眩暈、吐血、盜汗、前臂麻木等病症。

神門穴 「失眠怔忡心悸用」

寧心安神

位於腕部，腕掌側橫紋尺側端，尺側腕屈肌腱的橈側凹陷處。

自然療法

按 摩 用拇指指腹揉按神門 100 次，可防治前臂麻木、失眠、健忘等病症。

艾 灸 用艾條溫和灸 10 分鐘，每天一次，可緩解健忘、失眠、癲狂等病症。

按 摩 圖

艾 灸 圖

老中醫臨床經驗：

主治失眠、健忘、怔忡、癲狂、前臂麻木等病症。

配伍治病：

神門配內關、心俞，可治心痛。神門配內關、三陰交，可治健忘、失眠。神門配支正，可治健忘、失眠。

少府穴 「止癢止痛療效佳」　清心瀉熱、理氣活絡

取穴

位於手掌面，第四、五掌骨之間，握拳時當小指尖處。

自然療法

按摩 用拇指揉按少府 100 次，能改善失眠、心痛、心悸、胸悶。

艾灸 用艾條溫和灸 5 ～ 10 分鐘，每天一次，可緩解小便不利、遺尿。

老中醫臨床經驗：
主治手掌麻木、失眠、健忘、心痛、心悸、胸悶、小便不利、遺尿。

少衝穴 「中風十宣百會配」　清熱熄風、醒神開竅

取穴

位於手小指末節橈側，距指甲角 0.1 寸（指寸）。

自然療法

按摩 用拇指指尖用力掐揉少衝 30 次，可治療熱病昏厥。

艾灸 用艾炷直接灸少衝 10 分鐘，每天一次，可治療昏厥、心痛。

老中醫臨床經驗：
主治心悸、心痛、胸脅痛、癲狂、昏迷、中風、熱病等病症。

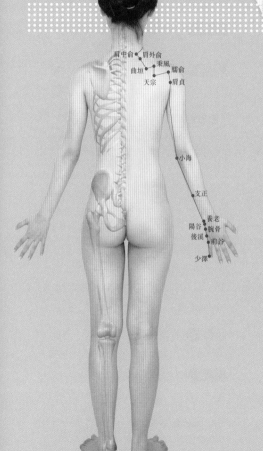

肩中俞　肩外俞
　曲垣　秉風
　　天宗　臑俞
　　　　肩貞

小海

支正

　　養老骨
陽谷　腕骨
　後溪　前谷
　　少澤

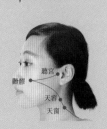

聽宮
顴髎
　天容
　天窗

第 7 章

手太陽小腸經

手太陽小腸經有十九個穴位。小腸經腧穴主治耳聾、目黃、頰腫、咽喉腫痛、頸項轉側不利、肩臂疼痛無力、少腹脹痛、尿頻、洩瀉或便秘等病症，還可以治療本經脈循行部位的其他病症。

少澤穴 「熱病昏迷全能療」 清心瀉熱、開竅通絡

取穴

位於手小指末節尺側，距指甲角 0.1 寸（指寸）。

自然療法

按摩 ▶ 用拇指尖掐按少澤 3 分鐘，每天堅持，可治療中風昏迷。

艾灸 ▶ 用艾條溫和灸 5 ～ 10 分鐘，每天一次，可治療頭痛、項強。

老中醫臨床經驗：
主治中風昏迷、熱病、咽喉腫痛、頭痛、項強等病症。

前谷穴 「癲狂熱病都能行」 舒經活絡、提神醒腦

取穴

位於手尺側，當小指本節（第五指掌關節）前的掌指橫紋頭赤白肉際處。

自然療法

按摩 ▶ 用拇指尖掐按前谷 3 分鐘，每天堅持，可治療癲狂、發熱等病症。

艾灸 ▶ 用艾條溫和灸 5 ～ 10 分鐘，每天一次，可治療鼻塞、頸項強痛。

老中醫臨床經驗：
主治癲狂、發熱、鼻塞、頸項強痛等病症。

後溪穴 「熏熏按按治項強」 清心寧神、舒經活絡

取穴

位於手掌尺側，當第五掌骨關節後的遠側掌橫紋頭赤白肉際處。

自然療法

按摩 用拇指尖掐按後溪 3 分鐘，每天堅持，可治療落枕、項強。

艾灸 用艾條溫和灸 5 ～ 10 分鐘，每天一次，可治療頸項強痛、鼻塞。

老中醫臨床經驗：
主治落枕、頸項強痛、手指麻木、鼻塞等病症。

腕骨穴 「消炎祛濕治腕肘」 祛濕退黃、潤津止渴

取穴

位於手掌尺側，當第五掌骨基底與鈎骨之間，赤白肉際凹陷處。

自然療法

按摩 用拇指指尖稍用力掐按腕骨 3 分鐘，每天堅持，可治療手腕痛。

艾灸 用艾條溫和灸 5 ～ 10 分鐘，每天一次，可治療頸項強痛。

老中醫臨床經驗：
主治頭痛、頸項強痛、耳鳴、黃疸、消渴、熱病、手腕痛等病症。

陽谷穴 「目痛腕痛均可止」　明目安神、通經活絡

取穴

位於手腕尺側，當尺骨莖突與三角骨之間的凹陷處。

自然療法

按摩▶用拇指尖掐按陽谷 3 分鐘，每天堅持，可治療手腕痛、目眩。

艾灸▶用艾條溫和灸 5 ～ 10 分鐘，每天一次，可治療牙痛、頭痛、耳鳴。

老中醫臨床經驗：
主治手腕痛、頭痛、目眩、耳鳴、耳聾、目赤腫痛、牙痛等病症。

支正穴 「支正尚能調頭頸」　活血止痛、安神定志

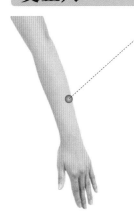

取穴

位於前臂背面尺側，當陽谷與小海的連線上，腕背橫紋上 5 寸。

自然療法

按摩▶用拇指尖掐按支正 3 分鐘，每天堅持，可治療前臂疼痛。

艾灸▶用艾條溫和灸 5 ～ 10 分鐘，可改善黃褐斑、疥瘡、健忘等病症。

老中醫臨床經驗：
主治前臂疼痛、頸項痛、黃褐斑、疥瘡、健忘等病症。

養老穴 「晚年安康養老按」

取穴

位於前臂背面尺側，當尺骨小頭近端橈側凹陷中。

自然療法

按摩 用拇指指尖掐按養老 3 分鐘，每天堅持，可治療急性腰扭傷。

艾灸 用艾條溫和灸 10 分鐘，每天一次，可改善視物模糊、耳聾、耳鳴等病症。

按摩圖

艾灸圖

老中醫臨床經驗：

主治急性腰扭傷、視物模糊、前臂痛、耳鳴、耳聾等病症。

配伍治病：

養老配肩髃，主治肩背肘疼痛。養老配風池，主治頭痛、面痛。養老配太衝，可治目視不明。

小海穴 「手臂疼痛按能消」

清熱止痛、安神定志

取穴

位於肘內側，當尺骨鷹嘴與肱骨內上髁之間凹陷處。

自然療法

按摩 用拇指指腹稍用力按揉小海 100 ～ 200 次，每天堅持，可治療前臂疼痛、麻木等病症。

艾灸 用艾條溫和灸小海 5 ～ 10 分鐘，每天一次，可改善頰腫、肱骨內上髁炎（高爾夫球肘）等病症。

按摩圖

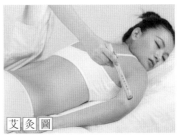

艾灸圖

老中醫臨床經驗：

主治前臂疼痛、頰腫、肱骨內上髁炎（高爾夫球肘）、頸項痛等病症。

配伍治病：

小海配曲池、臂臑，主治肘臂疼痛。小海配合谷、頰車，主治頰腫、牙齦炎、咽喉炎。小海配風池、大椎，主治癲癇。

肩貞穴 「肩周疾患都能療」

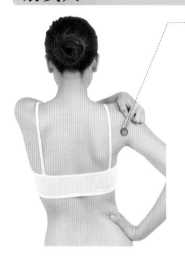

取穴

位於肩關節後下方，臂內收時，腋後紋頭上 1 寸（指寸）。

自然療法

按摩 用拇指指尖稍用力掐按肩貞 100 ～ 200 次，每天堅持，可治療肩周炎、肘臂疼痛。

艾灸 用艾條溫和灸 10 分鐘，每天一次，可改善耳聾、耳鳴、頰腫、頸淋巴結結核、肩周炎、肩胛疼痛等病症。

按摩圖

艾灸圖

老中醫臨床經驗：

主治耳鳴、耳聾、頰腫、頸淋巴結結核、肩周炎、肩胛疼痛、肘臂疼痛等病症。

配伍治病：

肩貞配肩髎，主治肩臂疼痛、上肢癱瘓。肩貞配天井，主治淋巴結炎。肩貞配完骨，主治耳鳴。肩貞配肩髃、肩髎，主治肩周炎。

臑俞穴 「化痰消腫舒經絡」 化痰消腫、舒經活絡

取穴
位於肩部，當腋後紋頭直上，肩胛岡下緣凹陷中。

自然療法

按摩 ▶ 用拇指尖掐按臑俞 200 次，每天堅持，可治療肩周炎。

艾灸 ▶ 用艾條溫和灸 5 ～ 10 分鐘，每天一次，可改善肩周炎。

老中醫臨床經驗：
主治肩臂肘痠痛無力、肩周圍關節炎、腦血管病後遺症等病症。

天宗穴 「活血通絡止疼痛」 理氣消腫、舒經活絡

取穴
位於肩胛部，當岡下窩中央凹陷處，與第四胸椎相平。

自然療法

按摩 ▶ 用拇指按揉天宗 200 次，每天堅持，可治療肩背疼痛。

艾灸 ▶ 用艾條溫和灸 5 ～ 10 分鐘，每天一次，可改善肩胛痛、咳喘。

老中醫臨床經驗：
主治肩周炎、肩背疼痛、乳腺炎、乳腺增生、胸痛、咳喘等病症。

秉風穴 「肩周克星找秉風」

散風活絡、止咳化痰

取穴

位於肩胛部，岡上窩中央，天宗直上，舉臂有陷處。

自然療法

按摩 用拇指揉按秉風 200 次，每天堅持，可治療肩背疼痛。

艾灸 用艾條溫和灸 5 ～ 10 分鐘，每天一次，可改善咳喘、肩胛痛。

老中醫臨床經驗：
主治咳喘、肩背疼痛、上肢痠麻、肩周炎、肩胛痛等病症。

曲垣穴 「肩背疼痛曲垣求」

舒經活絡、疏風止痛

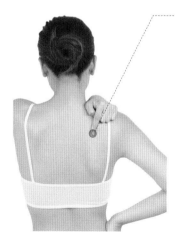

取穴

位於肩胛部，岡上窩內側端，當臑俞與第二胸椎棘突連線的中點處。

自然療法

按摩 用拇指按揉曲垣 200 次，每天堅持，可治療肩背疼痛。

艾灸 用艾條溫和灸 5 ～ 10 分鐘，每天一次，可改善肩胛痛。

老中醫臨床經驗：
主治肩背疼痛、肩胛痛等病症。

肩外俞穴 「通經防治頸椎病」 舒經活絡

取穴

位於背部，當第一胸椎棘突下，後正中線旁開 3 寸。

自然療法

按摩 ▶ 用拇指按揉肩外俞 200 次，每天堅持，可治療頸項強痛。

艾灸 ▶ 用艾條溫和灸 5 ～ 10 分鐘，每天一次，可改善肩周炎、頸椎病。

老中醫臨床經驗：
主治肩背疼痛、肩周炎、頸椎病、頸項強痛等病症。

肩中俞穴 「氣喘咳嗽項強消」 清上焦、宣肺氣

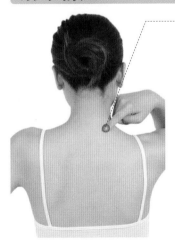

取穴

位於背部，當第七頸椎棘突下，旁開 2 寸。

自然療法

按摩 ▶ 用拇指按揉肩中俞 200 次，每天堅持，可治療頸項強痛。

艾灸 ▶ 用艾條溫和灸 5 ～ 10 分鐘，每天一次，可改善咳嗽、氣喘。

老中醫臨床經驗：
主治頸項強痛、咳嗽、氣喘、支氣管炎、哮喘、肺結核等病症。

天窗穴 「利咽聰耳咽喉清」

利咽聰耳

取穴
位於頸外側部，胸鎖乳突肌的後緣，扶突後，與喉結相平。

自然療法

按摩 用拇指按揉天窗 200 次，每天堅持，可治療頸項強痛。

艾灸 用艾條雀啄灸 5 ～ 10 分鐘，每天一次，可改善咽喉腫痛。

老中醫臨床經驗：
主治咽喉炎、咽喉腫痛、甲狀腺腫大、失語、耳鳴及頸項強痛。

天容穴 「利咽消腫消炎症」

清熱利咽、消炎消腫

取穴
位於頸外側部，當下頜角的後方，胸鎖乳突肌的前緣凹陷中。

自然療法

按摩 用拇指按揉天容 200 次，可治療頸項強痛、咽炎等病症。

艾灸 用艾條雀啄灸 5 分鐘，每天一次，可改善咽喉炎、扁桃體炎。

老中醫臨床經驗：
主治耳鳴、耳聾、咽喉腫痛、咽喉炎、扁桃體炎、頸項強痛等病症。

顴髎穴 「面部疾病顴髎治」 祛風鎮痙、清熱消腫

取穴
位於面部，當目外眥直下，顴骨下緣凹陷處。

自然療法

按摩 用拇指按揉顴髎 200 次，每天堅持，可治療面腫。

艾灸 用艾條雀啄灸 5 ～ 10 分鐘，每天一次，可改善面肌痙攣。

老中醫臨床經驗：
主治面肌痙攣、口眼歪斜、面腫等病症。

聽宮穴 「聰耳開竅配翳風」 聰耳開竅、祛風止痛

取穴
位於面部，耳屏前，下頜骨髁狀突的後方，張口時呈凹陷處。

自然療法

按摩 用拇指按揉聽宮 200 次，可治療耳聾、耳鳴等病症。

艾灸 用艾條雀啄灸 5 ～ 10 分鐘，每天一次，可改善牙痛、耳鳴。

老中醫臨床經驗：
主治耳聾、耳鳴、耳道炎、牙痛、頭痛等病症。

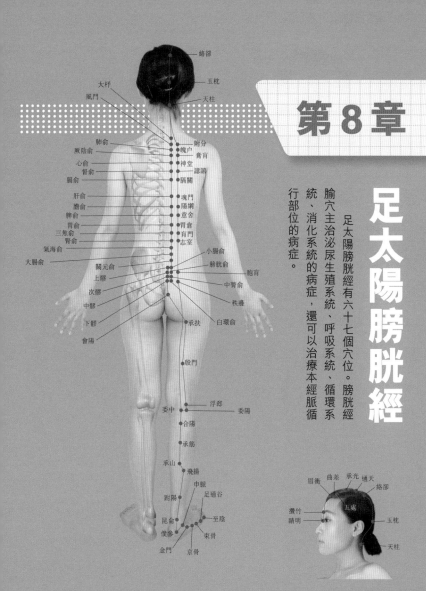

絡卻
玉枕
大杼
天柱
風門
肺俞
附分
厥陰俞
魄戶
膏肓
心俞
神堂
督俞
譩譆
膈俞
膈關
肝俞
魂門
膽俞
陽綱
脾俞
意舍
胃俞
胃倉
三焦俞
肓門
腎俞
志室
氣海俞
大腸俞
小腸俞
關元俞
膀胱俞
上髎
胞肓
次髎
中膂俞
中髎
秩邊
下髎
白環俞
會陽
承扶
殷門
浮郤
委中
委陽
合陽
承筋
承山
飛揚
跗陽
申脈
足通谷
昆侖
至陰
僕參
束骨
金門
京骨

眉衝
曲差
承光
通天
絡卻
攢竹
五處
睛明
玉枕
天柱

第8章

足太陽膀胱經

足太陽膀胱經有六十七個穴位。膀胱經腧穴主治泌尿生殖系統、呼吸系統、循環系統、消化系統的病症,還可以治療本經脈循行部位的病症。

睛明穴　「眼保常把睛明揉」　通絡明目

取穴

位於面部，目內眥角稍上方凹陷處。

自然療法

按摩 用拇指按揉睛明 100 次，每天堅持，可防治眼部疾患。

刮痧 取刮痧板沿鼻子的方向往下刮拭 1 ～ 3 分鐘，可治療眼疾。

老中醫臨床經驗：
主治目赤腫痛、目黃、迎風流淚等眼部疾患。

攢竹穴　「清熱明目眼疾祛」　清熱明目、祛風通絡

取穴

位於面部，眉頭陷中，眶上切跡處。

自然療法

按摩 用拇指按揉攢竹 100 次，每天堅持，可治療頭痛目眩、近視。

刮痧 用面刮法刮拭攢竹至眉尾，刮拭 3 ～ 5 分鐘，治療眼疾、頭痛。

老中醫臨床經驗：
主治頭痛目眩、近視和其他眼疾。

眉衝穴　「眩暈頭痛均能止」

取穴

位於頭部，當攢竹直上入髮際 0.5 寸，神庭與曲差連線之間。

自然療法

按摩 用拇指尖掐揉眉衝 2 分鐘，每天堅持，可治療頭痛、眩暈。

艾灸 用艾條溫和灸 5 ～ 10 分鐘，每天一次，可改善鼻塞、眩暈。

老中醫臨床經驗：
主治頭痛、鼻塞、眩暈、目痛、結膜炎等病症。

曲差穴　「通竅明目找曲差」

取穴

位於頭部，當前髮際正中直上 0.5 寸，旁開 1.5 寸。

自然療法

按摩 用拇指稍用力掐按曲差 5 分鐘，可治療頭暈、眩暈、鼻炎。

刮痧 用角刮法從下向上刮拭 3 ～ 5 分鐘，可緩解咳喘、頭痛。

老中醫臨床經驗：
主治頭痛、眩暈、鼻炎、鼻塞、鼻出血、目視不明、咳喘等病症。

五處穴 「寧神止痛又活血」

取穴

位於頭部，髮際正中直上 1 寸，旁開 1.5 寸。

自然療法

按摩 用食指、中指指腹按壓五處 3 分鐘，可治療頭痛、目眩等病症。

刮痧 取刮痧板在此穴以梳頭的方法刮拭 1 ～ 3 分鐘，可治療癲癇。

老中醫臨床經驗：
主治頭痛、目眩、神經衰弱、癲癇等病症。

承光穴 「清熱祛風又通竅」

取穴

位於頭部，當前髮際正中直上 2.5 寸，旁開 1.5 寸。

自然療法

按摩 用拇指按揉承光 200 次，每天堅持，可治療頭痛、目眩等病症。

艾灸 用艾條溫和灸 5 ～ 10 分鐘，每天一次，可治療嘔吐、鼻塞。

老中醫臨床經驗：
主治頭痛、目眩、嘔吐、鼻塞、視物不清等病症。

通天穴　「治鼻靈藥找通天」

取穴

位於頭部，當前髮際正中線上 4 寸，旁開 1.5 寸。

自然療法

按摩 用拇指按揉通天 200 次，可治療頭痛、眩暈、頭重等病症。

艾灸 用艾條溫和灸 5 ～ 10 分鐘，可治療面腫、口眼歪斜等病症。

老中醫臨床經驗：
主治頭痛、眩暈、頭重、鼻塞、鼻淵、面腫、口眼歪斜等病症。

絡卻穴　「祛風通絡治癲癎」

清熱安神、平肝息風

取穴

位於頭部，前髮際正中直上 5.5 寸處，旁開 1.5 寸。

自然療法

按摩 用食指按壓絡卻 3 分鐘，可治療目視不明、眩暈、癲狂等病症。

艾灸 用艾條溫和灸 5 ～ 10 分鐘，可治療耳鳴、頭痛、癲癎等病症。

老中醫臨床經驗：
主治目視不明、頭痛、眩暈、中風偏癱、癲癎、耳鳴等病症。

玉枕穴 「治後頭痛常用穴」　　升清降濁

取穴

位於後髮際正中直上 2.5 寸，旁開 1.3 寸，平枕外隆凸上緣的凹陷處。

自然療法

按摩▶用拇指按揉玉枕 200 次，每天堅持，可治療頭項痛。

艾灸▶用艾條溫和灸 5 ～ 10 分鐘，每天一次，可治療鼻塞、近視。

老中醫臨床經驗：
主治頭項痛、鼻塞、鼻炎、目痛、近視等病症。

天柱穴 「益氣補腦壯陽氣」　　祛風解表、舒筋活絡

取穴

位於項部，斜方肌外緣之後髮際凹陷中，約當後髮際正中旁開 1.3 寸。

自然療法

按摩▶用拇指按揉天柱 200 次，每天堅持，可治療後頭痛、鼻炎。

艾灸▶用艾條溫和灸 5 ～ 10 分鐘，可治療鼻塞、肩背痛、頸椎病。

老中醫臨床經驗：
主治後頭痛、頸肩僵硬、肩背痛、頸椎病、鼻塞、鼻炎等病症。

大杼穴　「肩背疼痛鼻淵療」　　強筋骨、清熱祛痛

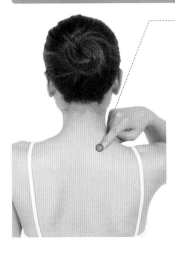

取穴

位於背部，第一胸椎棘突下，旁開 1.5 寸。

自然療法

按摩　用拇指按揉大杼 200 次，每天堅持，可治療肩背疼痛。

艾灸　用艾條溫和灸 5 ～ 10 分鐘，每天一次，可治療咳嗽、痰多。

老中醫臨床經驗：
主治肩背疼痛、咳嗽、痰多、鼻塞、鼻淵等病症。

氣海俞穴　「腎部疾病均能療」　　益腎壯陽、調經止痛

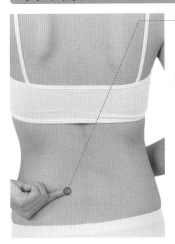

取穴

位於腰部，第三腰椎棘突下，旁開 1.5 寸。

自然療法

按摩　用拇指按揉氣海俞 200 次，可治遺精、痛經、腰痛等病症。

艾灸　用艾條溫和灸 5 ～ 10 分鐘，可改善腰膝痠軟、月經不調等病症。

老中醫臨床經驗：
主治陽痿、遺精、痛經、腰痛、月經不調、痔瘡、腰膝痠軟等病症。

風門穴　「傷風咳嗽找風門」　宣肺解表、益氣固表

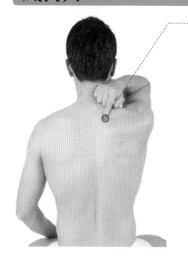

取穴

位於背部，第二胸椎棘突下，旁開 1.5 寸。

自然療法

按摩 用拇指指腹用力按揉風門 100 ～ 200 次，每天堅持，可治療肩背疼痛。

艾灸 用艾條溫和灸 5 ～ 10 分鐘，每天一次，可改善頭痛、鼻塞、咳嗽等病症。

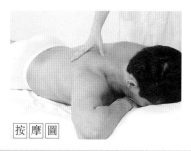

按摩圖

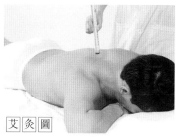

艾灸圖

老中醫臨床經驗：

主治傷風咳嗽、發熱、頭痛、鼻塞、肩背疼痛等病症。

配伍治病：

風門配肩井、支溝，主治肩背疼痛、肋間神經痛。風門配合谷、外關，主治發熱、咳嗽。風門配曲池、血海，主治蕁麻疹。

肺俞穴 「肺系疾病肺俞愈」 解表宣肺、清熱理氣

取穴
位於背部，第三胸椎棘突下，旁開 1.5 寸。

自然療法

按摩 用拇指按揉肺俞 200 次，每天堅持，可治療肺部疾患。

艾灸 用艾條溫和灸 5 ～ 10 分鐘，可改善胸悶、咳嗽、氣喘等病症。

老中醫臨床經驗：
主治肩背疼痛、胸悶、咳嗽、氣喘等病症。

厥陰俞穴 「心胸煩悶厥陰俞」 寬胸理氣、活血止痛

取穴
位於背部，第四胸椎棘突下，旁開 1.5 寸。

自然療法

按摩 用拇指按揉厥陰俞 200 次，可治心痛、心悸、神經衰弱等病症。

艾灸 用艾條溫和灸 5 ～ 10 分鐘，每天一次，可治胸悶、咳嗽等病症。

老中醫臨床經驗：
主治胸悶、咳嗽、心痛、心悸、神經衰弱等病症。

心俞穴 「心悸失眠心俞按」 寬胸理氣、通絡安神

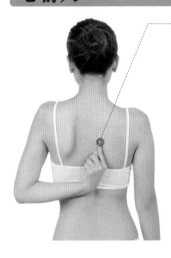

取穴

位於背部，第五胸椎棘突下，旁開 1.5 寸。

自然療法

按摩 用拇指按揉心俞 200 次，每天堅持，可治療心痛、心悸等病症。

艾灸 用艾條溫和灸 5 ～ 10 分鐘，可治心痛、咳嗽、咯血等病症。

老中醫臨床經驗：
主治心痛、心悸、咳嗽、咯血、失眠等病症。

督俞穴 「強心通脈又止痛」 理氣止痛、強心通脈

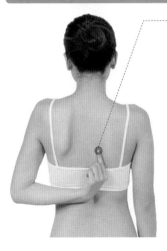

取穴

位於背部，第六胸椎棘突下，旁開 1.5 寸。

自然療法

按摩 用拇指按揉督俞 200 次，每天堅持，可治療各種脾胃病。

艾灸 用艾條溫和灸 5 ～ 10 分鐘，每天一次，可改善心悸、胃痛。

老中醫臨床經驗：
主治心痛、咳嗽、咯血等病症及各種脾胃病。

膈俞穴 「血證膈俞療效佳」 　　　　　　活血化瘀、寬胸利膈

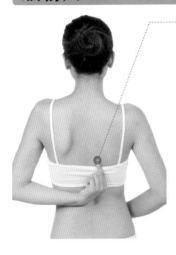

取穴
位於背部，第七胸椎棘突下，旁開 1.5 寸。

自然療法

按摩 用拇指按揉膈俞 200 次，每天堅持，可治療各種血證。

刮痧 從上向下刮拭 3 ～ 5 分鐘，隔天一次，可治療呃逆、嘔吐等病症。

老中醫臨床經驗：
主治各種血證及心痛、胸悶、支氣管炎、呃逆、嘔吐等病症。

肝俞穴 「疏肝利膽降肝火」 　　　　　　疏肝利膽、降火止痙

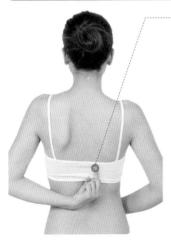

取穴
位於背部，第九胸椎棘突下，旁開 1.5 寸。

自然療法

按摩 用拇指按揉肝俞 200 次，每天堅持，可治療胸脅痛、口苦等病症。

艾灸 用艾條溫和灸 5 ～ 10 分鐘，每天一次，可改善腹痛、黃疸。

老中醫臨床經驗：
主治咳嗽、口苦、腹痛、胸脅痛、黃疸等病症及各種眼疾。

膽俞穴 「膽疾問題求膽俞」

疏肝利膽、清熱化濕

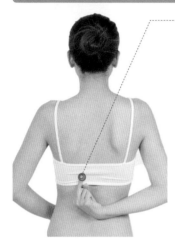

取穴

位於背部，第十胸椎棘突下，旁開 1.5 寸。

自然療法

按摩 用拇指按揉膽俞 200 次，每天堅持，可治療胸悶、口苦等病症。

艾灸 用艾條溫和灸 5 ～ 10 分鐘，每天一次，可改善嘔吐、脅痛。

老中醫臨床經驗：
主治膽囊炎、胸悶、脅痛、口苦、嘔吐、肝炎等病症。

脾俞穴 「健脾和胃脾胃調」

健脾和胃

取穴

位於背部，第十一胸椎棘突下，旁開 1.5 寸。

自然療法

按摩 用拇指按揉脾俞 200 次，可治療腹脹、嘔吐、洩瀉等病症。

艾灸 用艾條溫和灸 5 ～ 10 分鐘，可治療胃寒、寒濕洩瀉等病症。

老中醫臨床經驗：
主治腹脹、腹痛、嘔吐、洩瀉、胃寒等病症。

胃俞穴 「寬中和胃降逆好」 健脾和胃、寬中降逆

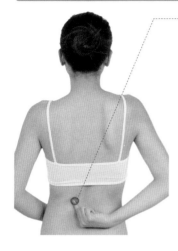

取穴

位於背部，第十二胸椎棘突下，旁開 1.5 寸。

自然療法

按摩 用拇指按揉胃俞 200 次，每天堅持，可治療各種脾胃病。

艾灸 用艾條溫和灸 5 ～ 10 分鐘，每天一次，可改善胃寒證。

老中醫臨床經驗：
主治胃炎、消化不良、胃寒證、胃脘痛等病症。

三焦俞穴 「通調水道強腰膝」 通調水道、利水強腰

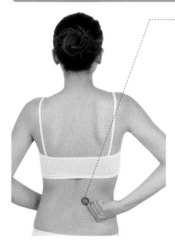

取穴

位於腰部，第一腰椎棘突下，旁開 1.5 寸。

自然療法

按摩 用拇指按揉三焦俞 100 ～ 200 次，每天堅持，可治療腹脹、水腫。

艾灸 用艾條溫和灸 5 ～ 10 分鐘，每天一次，可改善小便不利、水腫。

老中醫臨床經驗：
主治腹脹、腸鳴、小便不利、水腫等病症。

腎俞穴 「益腎助陽腎病安」

益腎助陽

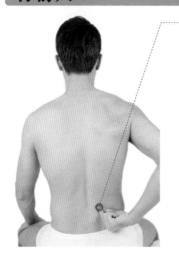

取穴

位於腰部，第二腰椎棘突下，旁開 1.5 寸。

自然療法

按摩 用拇指指腹稍用力按揉腎俞 100 ～ 200 次，可治痛經、月經不調、遺精等病症。

艾灸 用艾條溫和灸 15 分鐘，每天一次，可改善腰膝痠軟、月經不調、陽痿、水腫、小便不利等病症。

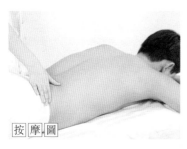

按摩圖

艾灸圖

老中醫臨床經驗：

主治小便不利、水腫、月經不調、痛經、陽痿、遺精、腰膝痠軟等病症。

配伍治病：

腎俞配殷門、委中，主治腰膝痠痛。腎俞配京門，主治遺精、陽痿、月經不調。腎俞配聽宮、翳風，主治耳鳴、耳聾。

大腸俞穴　「腸鳴腹痛重症按」　理氣降逆、調和腸胃

取穴

位於腰部，第四腰椎棘突下，旁開 1.5 寸。

自然療法

按摩 用拇指按揉大腸俞 200 次，可治療腹痛、便秘、洩瀉等病症。

艾灸 用艾條溫和灸 5 ～ 10 分鐘，每天一次，可改善腰背痠冷、洩瀉。

老中醫臨床經驗：
主治腰背痠冷、腹痛、腸鳴、便秘、洩瀉等病症。

關元俞穴　「溫腎壯陽此穴魁」　溫腎壯陽

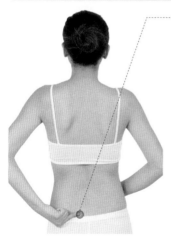

取穴

位於腰部，第五腰椎棘突下，旁開 1.5 寸。

自然療法

按摩 用拇指指腹按揉關元俞 200 次，能夠治療便秘、洩瀉、腹痛。

艾灸 用艾條溫和灸 5 ～ 10 分鐘，每天一次，可改善洩瀉、腰背痛。

老中醫臨床經驗：
主治腸鳴、便秘、洩瀉、腹痛、腰背痛等病症。

小腸俞穴 「通調二便治腎病」

取 穴

位於骶部，當骶正中嵴旁 1.5 寸，平第一骶後孔。

自然療法

按 摩 ▶ 用拇指按揉小腸俞 200 次，可治療腹痛、便秘等病症。

艾 灸 ▶ 用艾條溫和灸 5 ～ 10 分鐘，每天一次，可改善遺尿、遺精。

老中醫臨床經驗：
主治腹痛、便秘、遺尿、遺精、腰骶疼痛等病症。

膀胱俞穴 「遺尿便秘洩瀉調」

清熱利濕、通經活絡

取 穴

位於骶部，當骶正中嵴旁 1.5 寸，平第二骶後孔。

自然療法

按 摩 ▶ 用拇指按揉膀胱俞 200 次，能夠治療洩瀉、便秘、遺精等病症。

艾 灸 ▶ 用艾條溫和灸 5 ～ 10 分鐘，每天一次，可改善遺尿、遺精。

老中醫臨床經驗：
主治洩瀉、便秘、遺尿、遺精、膀胱炎、尿道炎等病症。

中膂俞穴 「溫腎壯陽調腸腑」 　益腎溫陽、強健腰膝

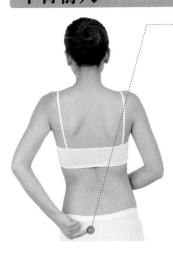

取穴

位於骶部，當骶正中嵴旁 1.5 寸，平第三骶後孔。

自然療法

按摩 用食指、中指指尖揉按中膂俞 200 次，可治療洩瀉、糖尿病。

刮痧 用刮痧板的邊緣刮拭中膂俞 30 次，可治坐骨神經痛。

老中醫臨床經驗：
主治洩瀉、疝氣、腰骶痛、坐骨神經痛、糖尿病等病症。

白環俞穴 「益腎固精調氣血」 　溫補下元、調理氣血

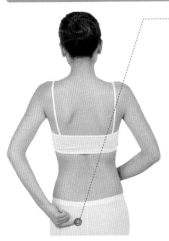

取穴

位於骶部，當骶正中嵴旁 1.5 寸，平第四骶後孔。

自然療法

按摩 用拇指按揉白環俞 200 次，可治療各種腰腿病症。

艾灸 用艾條溫和灸 5～10 分鐘，每天一次，可改善遺尿、遺精。

老中醫臨床經驗：
主治遺精、遺尿、帶下病、月經不調、疝氣、腰腿疼痛等病症。

八髎穴 「男科婦科八髎治」 調理下焦、強腰利膝

取穴

位於腰骶孔處，左右共 8 個，分別在第一、二、三、四骶後孔中。

自然療法

按摩 用拇指按揉八髎 200 次，每天堅持，可治療月經不調、陽痿。

艾灸 用艾條溫和灸 5 ～ 10 分鐘，每天一次，可改善小便不利、痛經。

老中醫臨床經驗：

主治月經不調、痛經、帶下病、陽痿、小便不利等病症。

會陽穴 「下焦不利會陽按」 清熱利濕、益腎固帶

取穴

位於骶部，尾骨端旁開 0.5 寸。

自然療法

按摩 用拇指按揉會陽 200 次，每天堅持，可治療陽痿、帶下病。

艾灸 用艾條溫和灸 5 ～ 10 分鐘，每天一次，可改善小便不利、痛經。

老中醫臨床經驗：

主治陽痿、小便不利、痛經、月經不調、水腫、帶下病等病症。

承扶穴 「通便消痔活絡用」

取穴

位於大腿後面，臀下橫紋的中點。

自然療法

按摩 用拇指按揉承扶 200 次，每天堅持，可治療下肢疼痛。

艾灸 用艾條溫和灸 5 ～ 10 分鐘，每天一次，可改善下肢疼痛。

老中醫臨床經驗：
主治下肢疼痛、腰痛、坐骨神經痛、便秘等病症。

殷門穴 「下肢不利尋殷門」

取穴

位於大腿後面，承扶與委中的連線上，承扶下 6 寸。

自然療法

按摩 用拇指按揉殷門 200 次，每天堅持，可治療下肢後側疼痛。

艾灸 用艾條溫和灸 5 ～ 10 分鐘，每天一次，可改善坐骨神經痛。

老中醫臨床經驗：
主治下肢痿痺、坐骨神經痛、下肢後側疼痛、小兒麻痺症等病症。

浮郄穴 「理氣和胃舒經絡」 舒經通絡、理氣和胃

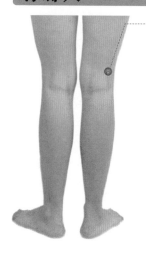

取穴

位於膕橫紋外側端，委陽上 1 寸，股二頭肌腱的內側處。

自然療法

按摩 ▶用拇指彈撥浮郄 200 次，每天堅持，可治療膝關節疼痛。

艾灸 ▶用艾條溫和灸 5 ～ 10 分鐘，每天一次，可改善腓腸肌痙攣。

老中醫臨床經驗：
主治急性腸胃炎、便秘、膀胱炎、腓腸肌痙攣、膝關節疼痛等病症。

委陽穴 「水濕不利委陽求」 舒經活絡、通利水濕

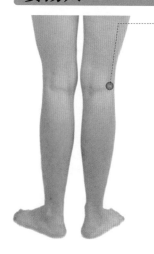

取穴

位於膕橫紋外側端，當股二頭肌腱的內側。

自然療法

按摩 ▶用拇指按揉委陽 200 次，每天堅持，可治療膝關節疼痛。

艾灸 ▶用艾條溫和灸 5 ～ 10 分鐘，每天一次，可改善膝關節疼痛。

老中醫臨床經驗：
主治腹脹、膝關節疼痛、癃閉、遺尿等病症。

委中穴　「腰背有痛委中求」　舒經活絡、涼血解毒

取 穴
位於膕橫紋中點，當股二頭肌肌腱與半腱肌肌腱的中間。

自然療法

按 摩　用拇指按揉委中 200 次，每天堅持，可治療腰背痛。

艾 灸　用艾條溫和灸 5 ～ 10 分鐘，每天一次，可改善腰腿痛、遺尿。

老中醫臨床經驗：
主治頭痛、惡風寒、小便不利、腰背痛、腿痛、遺尿等病症。

附分穴　「祛風散寒舒經絡」　舒經活絡、祛風散寒

取 穴
位於背部，第二胸椎棘突下，旁開 3 寸處。

自然療法

按 摩　用拇指按揉附分 200 次，每天堅持，可治療肩背疼痛。

艾 灸　用艾條溫和灸 5 ～ 10 分鐘，每天一次，可改善頸項脊背疼痛。

老中醫臨床經驗：
主治頸椎病、肩背疼痛、肺炎、感冒、肋間神經痛等病症。

魄戶穴　「清肺理氣平咳喘」

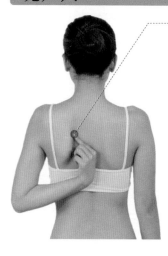

取穴

位於背部，當第三胸椎棘突下，旁開3寸。

自然療法

按摩　用拇指揉按魄戶2～3分鐘，每天一次，可改善氣短、咳嗽。

艾灸　用艾條溫和灸5～10分鐘，每天一次，可改善咳嗽、氣喘。

老中醫臨床經驗：
主治咳嗽、氣喘、支氣管炎、肺炎、項強、肩背痛等病症。

膏肓穴　「補虛益損膏肓行」

補虛益損、調理肺氣

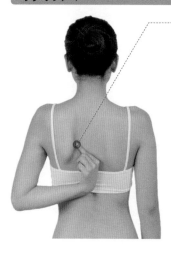

取穴

位於背部，當第四胸椎棘突下，旁開3寸。

自然療法

按摩　用拇指按揉膏肓200次，每天堅持，可治療咳嗽、氣喘等病症。

艾灸　用艾條溫和灸5～10分鐘，每天一次，可改善咳嗽、肺炎。

老中醫臨床經驗：
主治肺炎、氣喘、咳嗽、四肢疲倦、健忘等病症。

神堂穴 「鎮靜安神瀉心火」

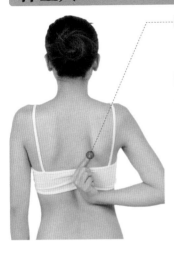

取穴
位於背部,當第五胸椎棘突下,旁開3寸。

自然療法

按摩 用拇指指腹點按神堂,雙手同時操作1～3分鐘,可治療脊背強痛。

刮痧 取刮痧板沿着膀胱經的循經走向刮拭30次,可治療咳嗽、胸悶。

老中醫臨床經驗:
主治咳嗽、氣喘、胸悶、脊背強痛等病症。

譩譆穴 「養陰潤肺治咳嗽」

養陰清肺、疏風解表

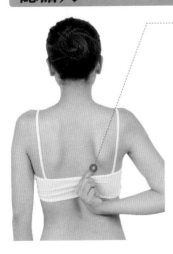

取穴
位於背部,當第六胸椎棘突下,旁開3寸。

自然療法

按摩 用拇指指尖揉按譩譆2～3分鐘,有痠脹感為宜,可治療肩背痛、嘔吐。

刮痧 用刮痧板的邊緣刮拭30次,以出痧為度,治療咳嗽、氣喘。

老中醫臨床經驗:
主治肩背痛、咳嗽、氣喘、目眩、目痛、嘔吐、熱病、瘧疾等病症。

膈關穴 「寬胸理氣嘔吐消」 和胃降逆、寬胸利膈

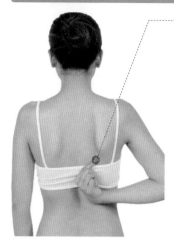

取 穴

位於背部，當第七胸椎棘突下，旁開 3寸。

自然療法

按 摩 用拇指按揉膈關200次，每天堅持，可治療噯氣、呃逆等病症。

艾 灸 用艾條溫和灸5～10分鐘，每天一次，可改善呃逆、嘔吐。

老中醫臨床經驗：
主治飲食不下、呃逆、嘔吐、噯氣反胃、脊背強痛等病症。

魂門穴 「健脾養胃疏肝氣」 疏肝理氣、健脾和胃

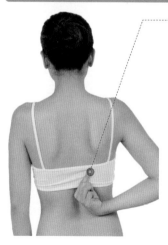

取 穴

位於背部，當第九胸椎棘突下，旁開 3寸。

自然療法

按 摩 用拇指按揉魂門200次，每天堅持，可治療洩瀉、嘔吐等病症。

艾 灸 用艾條溫和灸5～10分鐘，每天一次，可改善胸脅脹滿。

老中醫臨床經驗：
主治胸脅脹滿、嘔吐、洩瀉、肩背痛、胃痛、消化不良等病症。

陽綱穴 「調理腸胃利肝膽」 疏肝利膽、清熱利濕

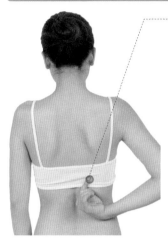

取穴

位於背部，當第十胸椎棘突下，旁開 3寸。

自然療法

按摩 用拇指按揉陽綱200次，每天堅持，可治腹脹、腹痛等病症。

艾灸 用艾條溫和灸5～10分鐘，每天一次，可改善黃疸、洩瀉。

老中醫臨床經驗：
主治黃疸、腹痛、腹脹、腸鳴、洩瀉、消渴、消化不良等病症。

意舍穴 「促進消化胃口好」 健脾和胃、利濕消滯

取穴

位於背部，當第十一胸椎棘突下，旁開3寸。

自然療法

按摩 用拇指按揉意舍200次，每天堅持，可治療腸鳴洩瀉、嘔吐。

艾灸 用艾條溫和灸5～10分鐘，每天一次，可改善黃疸、腰痛。

老中醫臨床經驗：
主治飲食不下、嘔吐、黃疸、腸鳴洩瀉、消渴、身熱、咳嗽、腰痛。

胃倉穴 「健胃消食化積滯」

取穴

位於背部，當第十二胸椎棘突下，旁開 3 寸。

自然療法

按摩 用拇指按揉胃倉 200 次，每天堅持，治療胃痛、腹脹、食積。

艾灸 用艾條溫和灸 5 ～ 10 分鐘，每天一次，可改善胃痛、水腫。

老中醫臨床經驗：
主治胃痛、嘔吐、腹脹、水腫、小兒食積、便秘等病症。

肓門穴 「清熱消腫通乳汁」

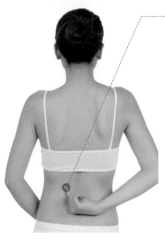

取穴

位於腰部，當第一腰椎棘突下，旁開 3 寸。

自然療法

按摩 用拇指按揉肓門 200 次，每天堅持，治療便秘、上腹痛等病症。

艾灸 用艾條溫和灸 5 ～ 10 分鐘，每天一次，可治療乳腺病、腰痛。

老中醫臨床經驗：
主治胃炎、上腹痛、乳腺炎、腰肌勞損、便秘等病症。

志室穴 「補腎利濕強腰膝」

補腎、利濕、強腰膝

取穴

位於腰部，當第二腰椎棘突下，旁開3寸。

自然療法

按摩 用拇指按揉志室200次，每天堅持，可治療遺精、陽痿、腹痛。

艾灸 用艾條溫和灸5～10分鐘，每天一次，可改善小便不利、水腫。

老中醫臨床經驗：
主治陽痿、遺精、腹痛、痛經、小便不利、水腫等病症。

胞肓穴 「通利二便強腰腎」

補腎強腰、通利二便

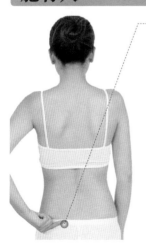

取穴

位於臀部，橫平第二骶後孔，骶正中嵴旁開3寸。

自然療法

按摩 用拇指揉壓胞肓2～3分鐘，可治療腰脊痛、骶骨損傷、尿潴留。

刮痧 用面刮法刮拭胞肓30次，力度適中，可治療腸炎、尿潴留、便秘。

老中醫臨床經驗：
主治腰脊痛、腸炎、骶骨損傷、便秘、尿潴留、陰腫等病症。

秩邊穴 「腰痛下肢尋秩邊」 　　舒經活絡、強腰膝

取穴
位於臀部，平第四骶後孔，骶正中嵴旁開 3 寸。

自然療法

按摩 用拇指按揉秩邊 200 次，每天堅持，可治療腰腿疼痛。

艾灸 用艾條溫和灸 5 ～ 10 分鐘，每天一次，可改善陰腫、下肢痿痹。

老中醫臨床經驗：
主治腰骶痛、下肢痿痹、小便不利、便秘、陰痛、陰腫等病症。

合陽穴 「舒筋通絡健腰膝」 　　舒筋通絡、強健腰膝

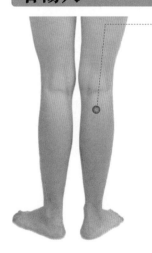

取穴
位於小腿膕橫紋下 2 寸，腓腸肌內、外側頭之間。

自然療法

按摩 用拇指按揉合陽 200 次，每天堅持，可治療小腿疼痛。

艾灸 用艾條溫和灸 5 ～ 10 分鐘，每天一次，可改善膝痛、膝冷。

老中醫臨床經驗：
主治腹痛、便秘、小腿疼痛、膝痛、膝冷、腓腸肌痙攣等病症。

承筋穴 「舒筋活絡化水濕」

運化水濕、舒筋活絡

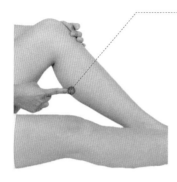

取穴
位於小腿後面，當委中與承山的連線上，腓腸肌肌腹中央，委中下 5 寸。

自然療法
按摩 ▶ 用拇指指腹按揉或彈撥承筋100 ～ 200 次，可治療腰腿疼痛。

艾灸 ▶ 用艾條溫和灸 5 ～ 10 分鐘，每天一次，可治療下肢攣痛。

老中醫臨床經驗：
主治小腿抽筋、小腿肌肉痠脹、腰腿疼痛、下肢攣痛等病症。

承山穴 「理氣止痛力量雄」

理氣止痛、舒筋活絡

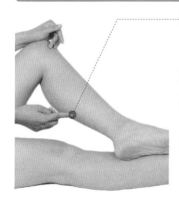

取穴
位於小腿後面正中，伸直小腿或足跟上提時腓腸肌肌腹下出現尖角凹陷。

自然療法
按摩 ▶ 用拇指按揉承山 200 次，每天堅持，可治療小腿疼痛。

艾灸 ▶ 用艾條溫和灸 5 ～ 10 分鐘，每天一次，可改善腓腸肌痙攣。

老中醫臨床經驗：
主治腹痛、便秘、小腿疼痛、腓腸肌痙攣、疝氣等病症。

飛揚穴 「健步如飛靠飛揚」

清熱安神、舒筋活絡

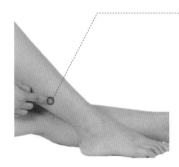

取穴

位於小腿後面，當外踝後，昆侖穴直上 7 寸，承山外下方 1 寸處。

自然療法

按摩 用拇指按揉飛揚 200 次，每天堅持，可治療腰腿疼痛。

艾灸 用艾條溫和灸 5 ～ 10 分鐘，可改善風寒感冒、下肢攣痛等病症。

老中醫臨床經驗：
主治風濕性關節炎、膀胱炎、腰腿疼痛、下肢攣痛、感冒等病症。

跗陽穴 「退熱散風精神好」

舒筋活絡、清利頭目

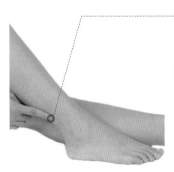

取穴

位於小腿後區，外踝後區，昆侖直上 3 寸處。

自然療法

按摩 用拇指按揉跗陽 200 次，每天堅持，可治療頭痛、腰腿疼痛。

艾灸 用艾條溫和灸 5 ～ 10 分鐘，每天一次，可改善下肢痹痛。

老中醫臨床經驗：
主治頭痛、頭重、腰腿疼痛、下肢痹痛、外踝腫痛等病症。

昆侖穴　「舒筋活絡按昆侖」　

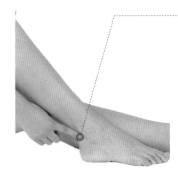

取穴

位於外踝後方，當外踝尖與跟腱之間的凹陷處。

自然療法

按摩 用拇指按揉昆侖 100 次，每天堅持，可治療各種目眩、頭痛。

艾灸 用艾條溫和灸 5 ~ 10 分鐘，每天一次，可改善頭痛、足跟痛。

老中醫臨床經驗：
主治目眩、頭痛、頸項強痛、腰腿痛、足跟痛等病症。

僕參穴　「濡養筋脈強筋骨」　舒筋健骨

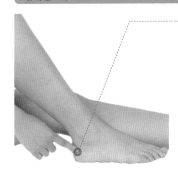

取穴

位於足部外側，昆侖直下，跟骨外側，赤白肉際處。

自然療法

按摩 用拇指按揉僕參 200 次，每天堅持，可治療足跟痛。

艾灸 用艾條溫和灸 5 ~ 10 分鐘，每天一次，可改善下肢痿軟無力。

老中醫臨床經驗：
主治下肢痿痺、下肢無力、足跟痛等病症。

申脈穴 「肢節不利找申脈」 | 伸筋、利節、通脈

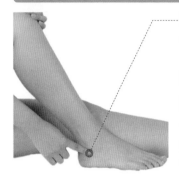

取穴

位於足外側部，外踝直下方凹陷中。

自然療法

按摩 用拇指按揉申脈 200 次，每天堅持，可治療目赤腫痛。

艾灸 用艾條溫和灸 5 ～ 10 分鐘，每天一次，可改善頭痛、眩暈。

老中醫臨床經驗：
主治下肢麻木、轉側不利、頭痛、眩暈、目赤腫痛等病症。

金門穴 「醒神鎮驚來開竅」 | 舒筋活絡、寧神熄風

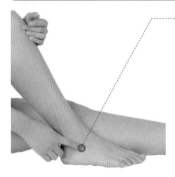

取穴

位於足背外側，當外踝前緣直下，骰骨下緣凹陷處。

自然療法

按摩 用拇指按揉金門 200 次，每天堅持，可治療頭痛、足跟痛等病症。

艾灸 用艾條溫和灸 5 ～ 10 分鐘，每天一次，可改善腰痛。

老中醫臨床經驗：
主治小兒驚風、頭痛、腰痛、下肢痿痹、足跟痛、踝扭傷等病症。

京骨穴 「袪風舒筋目視明」 清熱止痙、明目舒筋

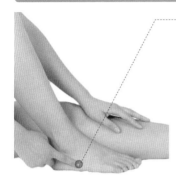

取穴

位於足背外側，第五跖骨粗隆下方，赤白肉際處。

自然療法

按摩 用拇指按揉京骨 200 次，每天堅持，可治療頭痛。

艾灸 用艾條溫和灸 5 ～ 10 分鐘，每天一次，可改善白內障、鼻出血。

老中醫臨床經驗：
主治頭痛、項強、白內障、腰腿疼痛、瘧疾、癲癇等病症。

束骨穴 「清利頭目平肝風」 散風清熱、清利頭目

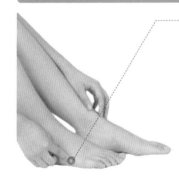

取穴

位於足外側，足小趾本節的後方下緣，赤白肉際處。

自然療法

按摩 用拇指按揉束骨 200 次，每天堅持，可治療頭痛、項強。

艾灸 用艾條溫和灸 5 ～ 10 分鐘，每天一次，可改善目眩、腰腿痛。

老中醫臨床經驗：
主治結膜炎、頭痛、目眩、耳聾、項強、腰腿痛等病症。

足通谷穴 「安神定志祛痰濕」

清熱安神、清頭明目

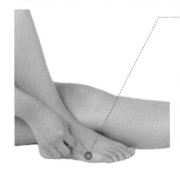

取穴

位於足外側，第五跖趾關節的前緣，赤白肉際處。

自然療法

按摩▶ 用拇指按揉足通谷 200 次，每天堅持，可治療頭痛、目眩。

艾灸▶ 用艾條溫和灸 5 ～ 10 分鐘，每天一次，可改善項強、鼻塞。

老中醫臨床經驗：
主治頭痛、項強、目眩、鼻出血、鼻炎、鼻塞、癲狂等病症。

至陰穴 「正胎催產找至陰」

正胎催產、清頭明目

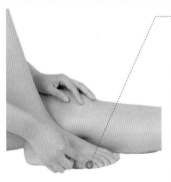

取穴

位於足小趾末節外側，距趾甲角 0.1 寸（指寸）。

自然療法

按摩▶ 用拇指按揉至陰 200 次，每天堅持，可治療頭痛、足痛。

艾灸▶ 用艾條溫和灸 5 ～ 10 分鐘，每天一次，可治療胎位不正。

老中醫臨床經驗：
主治頭痛、眩暈、足痛、難產、胎位不正等病症。

第 9 章

足少陰腎經

足少陰腎經有五十四個穴位。腎經腧穴主治生殖系統及婦科病症，腎、肺、咽喉病症，如月經不調、陰挺、遺精、小便不利、水腫、便秘、泄瀉等，還可以治療本經脈循行部位的病變。

俞府
或中
神藏
靈墟
神封
步廊
幽門
腹通谷
陰都
石關
商曲
肓俞
中注
四滿
氣穴
大赫
橫骨

陰谷

築賓
交信　復溜
照海　太溪
　　大鐘
　水泉
然谷

湧泉

湧泉穴 「腎經保健第一穴」 醒神開竅、滋陰益腎

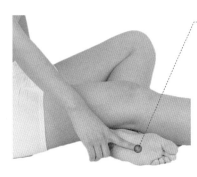

取穴

位於足底部，蜷足時足前部凹陷處，約當足底二、三趾趾縫紋頭端與足跟連線的前 1/3 與後 2/3 交點上。

自然療法

按摩 用拇指指腹用力按揉湧泉 100 ～ 200 次，每天堅持，可治療頭暈、咽喉炎、小便不利。

艾灸 用艾條溫和灸 5 ～ 10 分鐘，每天一次，可改善頭頂痛、支氣管炎、失眠等病症。

按摩圖

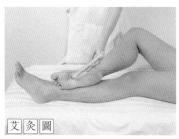

艾灸圖

老中醫臨床經驗：
主治頭暈、頭痛、咽喉炎、支氣管炎、失眠、小便不利等病症。

配伍治病：
湧泉配百會、人中，主治昏厥、癲癇、休克。湧泉配四神聰、神門，主治頭暈、失眠、昏厥、癲癇、休克。

然谷穴　「益氣固腎清濕熱」　　益氣固腎、清熱利濕

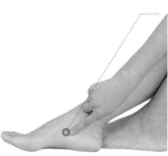

取穴

位於足內側緣，足舟骨粗隆下方，赤白肉際處。

自然療法

按摩 用拇指按揉然谷 200 次，每天堅持，可治療陽痿、痛經等病症。

艾灸 用艾條溫和灸 5 ～ 10 分鐘，每天一次，可治療月經不調、遺精。

老中醫臨床經驗：
主治陽痿、遺精、月經不調、痛經、足跟痛等病症。

大鐘穴　「腎虛氣喘大鐘灸」　　益腎平喘、通調二便

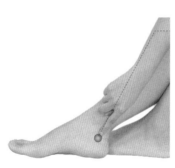

取穴

位於足內側，內踝後下方，當跟腱附着部的內側前方凹陷處。

自然療法

按摩 用拇指按揉大鐘 200 次，每天堅持，可治療足跟痛。

艾灸 用艾條溫和灸 5 ～ 10 分鐘，每天一次，可緩解腎虛氣喘。

老中醫臨床經驗：
主治腎虛氣喘、便秘、足跗腫痛、足跟痛等病症。

太溪穴 「腎虛耳鳴太溪療」

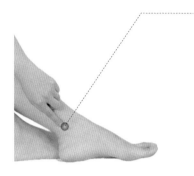

取穴

位於足內側，內踝後方，當內踝尖與跟腱之間的凹陷處。

自然療法

按摩 用拇指指腹稍用力按揉太溪 100 ～ 200 次，每天堅持，可治耳鳴、眩暈等病症。

艾灸 用艾條溫和灸 5 ～ 10 分鐘，每天一次，可改善各種腎虛病症。

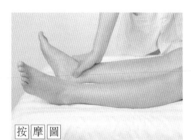

按摩圖

艾灸圖

老中醫臨床經驗：
主治腎虛、耳鳴、頭痛、眩暈、足跟痛、踝關節扭傷等病症。

配伍治病：
太溪配少澤，主治咽喉炎、牙痛。太溪配飛揚，主治頭痛、目眩。太溪配腎俞、志室，主治遺精、陽痿、腎虛腰痛。

水泉穴 「水泉清熱又通絡」 清熱益腎、通經活絡

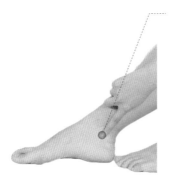

取穴

位於足內側，內踝後下方，當太溪直下 1 寸，跟骨結節的內側凹陷處。

自然療法

按摩 用拇指按揉水泉 200 次，每天堅持，可治療腹痛。

艾灸 用艾條溫和灸 5 ～ 10 分鐘，每天一次，可改善痛經、月經不調。

老中醫臨床經驗：
主治痛經、閉經、月經不調、腹痛等病症。

照海穴 「調經止痛水液蒸」 滋陰清熱、調經止痛

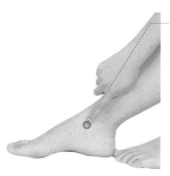

取穴

位於足內側，內踝尖下方凹陷處。

自然療法

按摩 用拇指按揉照海 200 次，每天堅持，可治療煩躁不寧。

艾灸 用艾條溫和灸 5 ～ 10 分鐘，每天一次，可改善小便頻數、痛經。

老中醫臨床經驗：
主治目赤腫痛、帶下病、痛經、月經不調、小便頻數、煩躁等病症。

復溜穴 「補腎益陰溫利水」

補腎益陰、溫陽利水

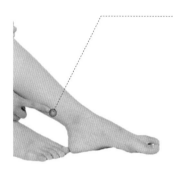

取穴

位於小腿內側，太溪直上 2 寸，跟腱的前方。

自然療法

按摩 用拇指按揉復溜 200 次，每天堅持，可治療腿痛、水腫。

艾灸 用艾條溫和灸 5 ～ 10 分鐘，每天一次，可改善水腫、盜汗。

老中醫臨床經驗：
主治水腫、腹脹、盜汗、腹瀉、小便不利等病症。

交信穴 「益腎調經理二便」

益腎調經、調理二便

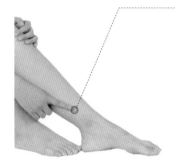

取穴

位於小腿內側，內踝尖上 2 寸，脛骨內側緣後際凹陷中。

自然療法

按摩 用拇指按揉交信 200 次，每天堅持，可治療月經不調。

艾灸 用艾條溫和灸 5 ～ 10 分鐘，每天一次，可改善陰癢、崩漏等症。

老中醫臨床經驗：
主治月經不調、崩漏、陰挺、睪丸腫痛、陰癢、下肢內側痛等病症。

築賓穴 「寧心安神理下焦」

寧心安神、調理下焦

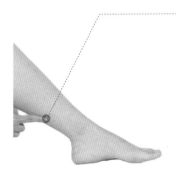

取穴

位於小腿內側，太溪穴上 5 寸，腓腸肌肌腹的內下方。

自然療法

按摩 用拇指按揉築賓 200 次，每天堅持，可治療小腿內側痛。

艾灸 用艾條溫和灸 5 ～ 10 分鐘，每天一次，可改善水腫、疝氣等病症。

老中醫臨床經驗：
主治癲癇、小腿內側痛、腓腸肌痙攣、腎炎、水腫、疝氣等病症。

陰谷穴 「益腎調經下焦安」

調經益腎、理氣止痛

取穴

位於膕窩內側，屈膝時，當半腱肌肌腱與半膜肌肌腱之間。

自然療法

按摩 用拇指按揉陰谷 200 次，每天堅持，可治療月經不調。

艾灸 用艾條溫和灸 5 ～ 10 分鐘，每天一次，可治療月經不調、陽痿。

老中醫臨床經驗：
主治月經不調、疝氣、陽痿、膝關節痛、腿痛等病症。

橫骨穴 「男女生殖用橫骨」 清熱除燥、益腎助陽

取穴

位於下腹部，當臍中下 5 寸，前正中線旁開 0.5 寸。

自然療法

按摩 用拇指指腹壓揉橫骨 1 ～ 3 分鐘，可治療陰部痛、少腹痛等病症。

艾灸 用艾條溫和灸 5 ～ 10 分鐘，每天一次，可治療膀胱炎、睪丸炎。

老中醫臨床經驗：
主治少腹痛、遺精、陽痿、遺尿、陰部痛、膀胱炎、睪丸炎等病症。

大赫穴 「補腎助陽調經帶」 調經止帶、益腎助陽

取穴

位於下腹部，當臍中下 4 寸，前正中線旁開 0.5 寸。

自然療法

按摩 用拇指指腹壓揉大赫 1 ～ 3 分鐘，可治療陰部痛、遺精等病症。

刮痧 用角刮法刮拭 3 分鐘，隔天一次，可治療遺精、帶下病等病症。

老中醫臨床經驗：
主治子宮脫垂、遺精、月經不調、帶下病、陽痿、早洩、膀胱炎。

氣穴 「調經止瀉又暖胞」

取穴

位於下腹部，當臍中下 3 寸，前正中線旁開 0.5 寸。

自然療法

按摩 用拇指指腹輕輕按揉氣穴 100 ～ 200 次，每天堅持，可治療腹脹等病症。

艾灸 用艾條溫和灸 5 ～ 10 分鐘，每天一次，可治療腎陽虛引起的不孕、不育等病症。

按摩圖

艾灸圖

老中醫臨床經驗：

主治腹脹、腹痛、小便不利、痛經、月經不調、不孕不育等病症。

配伍治病：

氣穴配關元、三陰交，主治閉經。氣穴配天樞、上巨虛，主治洩瀉、痢疾。

四滿穴 「女性生殖用四滿」 利水消腫、理氣調經

取穴

位於下腹部，當臍中下 2 寸，前正中線旁開 0.5 寸。

自然療法

按摩 用拇指按揉四滿 200 次，每天堅持，可治療月經不調、遺精。

艾灸 用艾條溫和灸 5 ～ 10 分鐘，每天一次，可改善腹痛、月經不調。

老中醫臨床經驗：
主治腹痛、月經不調、崩漏、產後惡露不淨、便秘、水腫等病症。

中注穴 「通調經絡腸胃安」 調經止帶、利濕健脾

取穴

位於下腹部，當臍中下 1 寸，前正中線旁開 0.5 寸。

自然療法

按摩 用拇指按揉中注 200 次，每天堅持，可治療便秘、腹痛等病症。

艾灸 用艾條溫和灸 5 ～ 10 分鐘，每天一次，可改善疝氣、月經不調。

老中醫臨床經驗：
主治月經不調、腰腹疼痛、大便燥結、洩瀉、痢疾、疝氣等病症。

肓俞穴 「固腎滋陰治腹痛」 | 固腎滋陰、理氣止痛

取穴

位於腹中部,當臍中旁開 0.5 寸。

自然療法

按摩 用拇指按揉肓俞 200 次,每天堅持,可治療便秘、腹痛等病症。

艾灸 用艾條溫和灸 5～10 分鐘,每天一次,可改善疝氣、月經不調。

老中醫臨床經驗:
主治疝氣、月經不調、腹痛、嘔吐、便秘等病症。

商曲穴 「消積止痛健脾胃」 | 健脾和胃、消積止痛

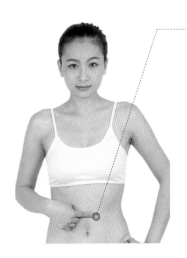

取穴

位於上腹部,當臍中上 2 寸,前正中線旁開 0.5 寸。

自然療法

按摩 用拇指按揉商曲 200 次,每天堅持,可治療腹痛、便秘。

艾灸 用艾條溫和灸 5～10 分鐘,每天一次,可改善胃炎、腸炎。

老中醫臨床經驗:
主治胃炎、腸炎、腹脹、腹痛、食慾不振、洩瀉、便秘等病症。

石關穴 「消食通便理氣血」

消積止痛、調理氣血

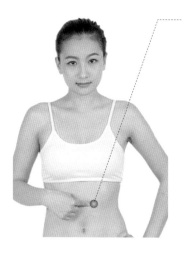

取穴

位於上腹部,當臍中上 3 寸,前正中線旁開 0.5 寸。

自然療法

按摩 用拇指按揉石關 200 次,每天堅持,可治療嘔吐、呃逆等病症。

艾灸 用艾條溫和灸 5 ～ 10 分鐘,每天一次,可改善嘔吐、不孕等病症。

老中醫臨床經驗:
主治胃腸炎、腹痛、嘔吐、呃逆、便秘、不孕、泌尿系感染等病症。

陰都穴 「調理腸胃止哮喘」

寬胸降逆、調理腸胃

取穴

位於上腹部,當臍中上 4 寸,前正中線旁開 0.5 寸。

自然療法

按摩 用拇指按揉陰都 200 次,每天堅持,可治療胃脘脹痛。

艾灸 用艾條溫和灸 5 ～ 10 分鐘,每天一次,可改善胸脅痛、哮喘。

老中醫臨床經驗:
主治支氣管炎、哮喘、腹脹、腹痛、便秘、胸脅痛、瘧疾等病症。

腹通谷穴　「健脾和胃排濁氣」

取穴

位於上腹部，當臍中上 5 寸，前正中線旁開 0.5 寸。

自然療法

按 摩　用拇指按揉腹通谷 200 次，每天堅持，可治療胃脘脹痛。

艾 灸　用艾條溫和灸 5 ～ 10 分鐘，每天一次，可改善心痛、心悸等病症。

老中醫臨床經驗：
主治腹痛、腹脹、胃脘痛、嘔吐、心痛、心悸、急慢性胃炎等病症。

幽門穴　「健脾和胃止嘔瀉」

清降濁氣、健脾和胃、降逆止嘔

取穴

位於上腹部，當臍中上 6 寸，前正中線旁開 0.5 寸。

自然療法

按 摩　用拇指按揉幽門 200 次，每天堅持，可治療胃脘脹痛。

艾 灸　用艾條溫和灸 5 ～ 10 分鐘，每天一次，可改善胃痛、消化不良。

老中醫臨床經驗：
主治慢性胃炎、腹痛、嘔吐、消化不良、胃痛、洩瀉、痢疾等病症。

步廊穴 「止咳平喘止疼痛」 寬胸止痛、止咳平喘

取穴

位於胸部，當第五肋間隙，前正中線旁開 2 寸。

自然療法

按摩 用拇指按揉步廊 200 次，每天堅持，可治療咳嗽、氣喘等病症。

艾灸 用艾條溫和灸 5 ～ 10 分鐘，每天一次，可改善咳嗽、嘔吐等病症。

老中醫臨床經驗：
主治胸痛、咳嗽、氣喘、嘔吐、鼻炎、胃炎等病症。

神封穴 「消炎止咳寬胸中」 降濁升清、寬胸理肺

取穴

位於胸部，當第四肋間隙，前正中線旁開 2 寸。

自然療法

按摩 用拇指指腹按揉神封 1 ～ 3 分鐘，可治療支氣管炎、乳腺炎。

艾灸 用艾條溫和灸 5 ～ 10 分鐘，每天一次，可治療咳嗽、氣喘等病症。

老中醫臨床經驗：
主治胸悶、咳嗽、氣喘、肺炎、支氣管炎、嘔吐、乳腺炎等病症。

靈墟穴 「益氣平喘疏肝氣」 宣降肺氣、疏肝寬胸

取穴

位於胸部，當第三肋間隙，前正中線旁開 2 寸。

自然療法

按摩 用拇指指腹按揉靈墟 1 ～ 3 分鐘，可治療支氣管炎、嘔吐等病症。

艾灸 用艾條溫和灸 5 ～ 10 分鐘，每天一次，可治療咳痰、氣喘等病症。

老中醫臨床經驗：
主治氣喘、咳痰、支氣管炎、胸脅脹痛、嘔吐、乳腺炎等病症。

神藏穴 「消炎平喘治疼痛」 寬胸理氣、降逆平喘

取穴

位於胸部，當第二肋間隙，前正中線旁開 2 寸。

自然療法

按摩 用拇指指腹按揉神藏 1 ～ 3 分鐘，可治療胸痛、肋間神經痛等病症。

艾灸 用艾條溫和灸 5 ～ 10 分鐘，每天一次，可治療胸膜炎、支氣管炎。

老中醫臨床經驗：
主治咳嗽、氣喘、肺炎、支氣管炎、胸痛、胸膜炎及肋間神經痛。

彧中穴　「止咳化痰胸中舒」　　　止咳化痰、寬胸理氣

取穴

位於胸部，當第一肋間隙，前正中線旁開 2 寸。

自然療法

按摩 ▶ 用拇指指腹按揉彧中 1 ～ 3 分鐘，可治療咳嗽、支氣管炎等病症。

艾灸 ▶ 用艾條溫和灸 5 ～ 10 分鐘，每天一次，可治療胸脅脹滿。

老中醫臨床經驗：
主治咳嗽、氣喘、支氣管炎、胸脅脹滿、肋間神經痛等病症。

俞府穴　「止咳平喘還開胃」　　　止咳平喘

取穴

位於胸部，當鎖骨下緣，前正中線旁開 2 寸。

自然療法

按摩 ▶ 用拇指按揉俞府 200 次，每天堅持，可治療咳嗽、嘔吐等病症。

艾灸 ▶ 用艾條溫和灸 5 ～ 10 分鐘，每天一次，可改善心痛、咳嗽等病症。

老中醫臨床經驗：
主治咳嗽、氣喘、支氣管炎、胸痛、嘔吐、胸悶、心痛等病症。

第 10 章

手厥陰心包經

手厥陰心包經有九個穴位。心包經腧穴主治胸悶、心煩、咳嗽、痰多、氣喘、胸痛、腋下腫痛、心痛、胸脅脹滿、胸背及上臂內側痛等病症，還可以治療本經循行所過處不適。

天泉
天池
曲澤
郄門
間使
內關
大陵
勞宮
中衝

天池穴 「活血化瘀心病療」 活血化瘀、寬胸理氣

取穴

位於胸部，當第四肋間隙，乳頭外 1 寸，前正中線旁開 5 寸。

自然療法

按摩 用食指、中指指腹揉按天池 100～200 次，每天堅持，可治療胸悶。

艾灸 用艾條溫和灸 5～10 分鐘，每天一次，可改善心痛、咳嗽等病症。

老中醫臨床經驗：
主治胸悶、心煩、咳嗽、氣喘、心痛、腋下腫痛、乳腺炎等病症。

天泉穴 「活血通脈益心臟」 寬胸理氣、活血通絡

取穴

位於臂內側，當腋前紋頭下 2 寸，肱二頭肌的長、短頭之間。

自然療法

按摩 用食指、中指指腹揉按天泉 100～200 次，每天堅持，可治療咳嗽。

艾灸 用艾條溫和灸 5～10 分鐘，長期堅持，可治療前臂內側冷痛。

老中醫臨床經驗：
主治心痛、胸脅脹滿、咳嗽、胸背及前臂內側冷痛等病症。

曲澤穴 「疼痛煩悶洩暑熱」

清暑洩熱、和胃降逆

取穴

位於肘橫紋中，肱二頭肌腱尺側緣。

自然療法

按摩 用拇指揉按曲澤 200 次，可改善心悸、心痛、咯血等病症。

艾灸 用艾條溫和灸 5～10 分鐘，每天一次，可緩解善驚、心痛等病症。

老中醫臨床經驗：
主治心悸、心痛、咯血、善驚、煩躁等病症。

郄門穴 「止血安神胸痛消」

寧心安神、清營止血

取穴

位於前臂掌側，掌長肌腱與橈側腕屈肌腱之間，腕橫紋上 5 寸。

自然療法

按摩 用食指、中指指腹揉按郄門 100～200 次，每天堅持，可治療心痛。

艾灸 用艾條溫和灸 5～10 分鐘，每天一次，可治療心痛、心悸。

老中醫臨床經驗：
主治心痛、心悸、胸痛、胸悶、咯血、嘔血、胸膜炎等病症。

間使穴 「安神清心又和中」

取穴

位於前臂掌側，當曲澤與大陵的連線上，腕橫紋上 3 寸。

自然療法

按摩 ▶ 用食指、中指指腹揉按間使100 ～ 200次，每天堅持，可治療嘔吐。

艾灸 ▶ 用艾條溫和灸 5 ～ 10 分鐘，每天一次，可治療心悸、前臂冷痛。

老中醫臨床經驗：
主治心痛、心悸、胃痛、嘔吐、熱病、瘧疾、癲狂、臂痛等病症。

大陵穴 「失眠狂躁配勞宮」

取穴

位於腕掌橫紋的中點處，當掌長肌腱與橈側腕屈肌腱之間。

自然療法

按摩 ▶ 用拇指揉按大陵 200 次，每天堅持，可治療心絞痛、嘔吐。

艾灸 ▶ 用艾條溫和灸 5 ～ 10 分鐘，每天一次，可治療心絞痛、手腕痛。

老中醫臨床經驗：
主治心紋痛、癲狂、嘔吐、手腕痛等病症。

內關穴 「安神止痛暈車靈」

取穴

位於前臂掌側，當曲澤與大陵的連線上，腕橫紋上 2 寸，掌長肌腱與橈側腕屈肌腱之間。

自然療法

按摩 用食指和中指指腹揉按內關 200 次，每天堅持，可治療嘔吐、心痛、失眠等病症。

艾灸 用艾條溫和灸 5 ～ 10 分鐘，每天一次，可治療失眠、心悸、胃痛等病症。

按摩圖

艾灸圖

老中醫臨床經驗：
主治嘔吐、暈車、心痛、心悸、胃痛、失眠等病症。

配伍治病：
內關配太淵，主治無脈症。內關配足三里、中脘，主治胃脘痛。內關配三陰交、合谷，主治心氣不足之心絞痛。內關配神門，主治失眠。

勞宮穴 「急救意外中風按」 清心瀉熱、開竅醒神

取穴

位於手掌心，當第二、三掌骨之間偏於第三掌骨，握拳屈指時中指尖處。

自然療法

按摩 ▶ 用拇指揉按勞宮 200 次，每天堅持，可緩解心絞痛、手癬。

艾灸 ▶ 用艾條溫和灸 5 ～ 10 分鐘，每天一次，可治療吐血、便血等病症。

老中醫臨床經驗：
主治中風昏迷、中暑、心絞痛、口瘡、口臭、吐血、便血、手癬。

中衝穴 「醒神開竅熱病安」 清心瀉熱、蘇厥開竅

取穴

位於手指，中指末端最高點。

自然療法

按摩 ▶ 用拇指掐按中衝 1 ～ 3 分鐘，每天堅持，可治療中風昏迷、昏厥。

艾灸 ▶ 用艾條溫和灸 5 ～ 10 分鐘，每天一次，可治療心痛、舌下腫痛。

老中醫臨床經驗：
主治中風昏迷、昏厥、舌強不語、舌下腫痛、中暑等病症。

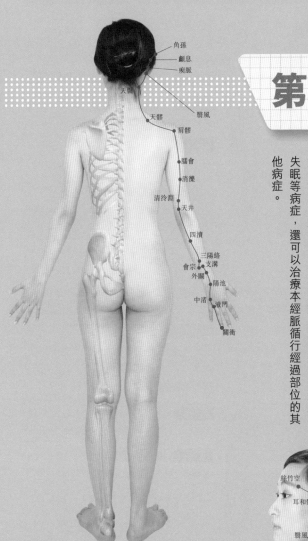

角孫
顱息
瘈脈
天牖
天髎
翳風
肩髎
臑會
消濼
清冷淵
天井
四瀆
三陽絡
會宗
支溝
外關
陽池
中渚
液門
關衝

第 11 章

手少陽三焦經

手少陽三焦經有二十三個穴位。三焦經腧穴主治頭痛、偏頭痛、耳鳴、耳聾、咽喉腫痛、昏厥、失眠等病症，還可以治療本經脈循行經過部位的其他病症。

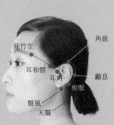

角孫
顱息
瘈脈
天牖
翳風
耳門
耳和髎
絲竹空

關衝穴 「頭痛目赤配少商」 瀉熱開竅、清利咽喉

取穴

位於手環指末節尺側，距指甲角 0.1 寸（指寸）。

自然療法

按摩 用拇指掐按關衝 1 ～ 3 分鐘，每天堅持，可改善頭痛、目赤。

艾灸 用艾條溫和灸 5 ～ 10 分鐘，每天一次，可治療耳鳴、咽喉炎。

老中醫臨床經驗：
主治耳鳴、耳聾、頭痛、目赤、咽喉炎等病症。

液門穴 「清火散熱消炎症」 清頭目、利三焦

取穴

位於手背部，當第四、五指間，指蹼緣後方赤白肉際處。

自然療法

按摩 用拇指掐按液門 200 次，每天堅持，可治療中暑、熱病等病症。

艾灸 用艾條溫和灸 5 ～ 10 分鐘，每天一次，可治療心痛。

老中醫臨床經驗：
主治頭痛、目赤、耳鳴、耳聾、喉炎、手指疼痛麻木、中暑、熱病。

中渚穴 「耳鳴耳聾頭痛按」 清熱通絡、開竅益聰

取 穴
位於手背部，當掌指關節的後方，第四、五掌骨間凹陷處。

自然療法

按摩 用拇指掐按中渚 3 分鐘，每天堅持，可防治五指屈伸不利。

艾灸 用艾條溫和灸 5 ～ 10 分鐘，每天一次，可治療耳鳴、耳聾等病症。

老中醫臨床經驗：
主治頭痛、耳鳴、耳聾、五指屈伸不利等病症。

陽池穴 「按摩艾灸治腕痛」 清熱通絡、通調三焦

取 穴
位於腕背橫紋中，當指伸肌腱的尺側緣凹陷處。

自然療法

按摩 用拇指掐按陽池 1 ～ 3 分鐘，每天堅持，可緩解手腕痛。

艾灸 用艾條溫和灸 5 ～ 10 分鐘，每天一次，可治療肩背痛、手腕痛。

老中醫臨床經驗：
主治肩背痛、手腕痛等病症。

外關穴 「祛火通絡治便秘」

清熱解表、祛火通絡

取穴

位於前臂背側，當陽池與肘尖的連線上，腕背橫紋上 2 寸。

自然療法

按摩 ▶ 用拇指指尖用力掐按外關 100 ～ 200 次，每天堅持，可治療便秘、頭痛、耳鳴等病症。

艾灸 ▶ 用艾條溫和灸 5 ～ 10 分鐘，每天一次，可治療耳鳴、耳聾、肩背痛等病症。

按摩圖

艾灸圖

老中醫臨床經驗：

主治便秘、頭痛、耳鳴、耳聾、肩背痛等病症。

配伍治病：

外關配陽池、中渚，主治手指疼痛、腕關節疼痛。外關配太陽、率谷，主治偏頭痛。外關配後溪，主治落枕。

支溝穴 「通便利腑清三焦」　　清利三焦、通腑降逆

取穴

位於前臂背側，腕背橫紋上 3 寸，尺骨與橈骨之間。

自然療法

按摩 用拇指按揉支溝 200 次，每天堅持，可防治偏頭痛、便秘。

艾灸 用艾條溫和灸 5 ～ 10 分鐘，每天一次，可治療偏頭痛、耳鳴。

老中醫臨床經驗：
主治耳聾、耳鳴、肩背痠痛、脅肋痛、嘔吐、便秘、偏頭痛等病症。

會宗穴 「安神定志治耳疾」　　清利三焦、安神定志

取穴

位於前臂背側，當腕背橫紋上 3 寸，支溝尺側，尺骨的橈側緣。

自然療法

按摩 用拇指按揉會宗 200 次，每天堅持，可防治耳鳴、耳聾等病症。

艾灸 用艾條溫和灸 5 ～ 10 分鐘，每天一次，可治療偏頭痛、耳鳴。

老中醫臨床經驗：
主治耳聾、耳鳴、上肢痠痛、偏頭痛、癲癇等病症。

三陽絡穴 「開竅鎮痛舒經絡」

取穴

位於前臂背側，腕背橫紋上 4 寸，尺骨與橈骨之間。

自然療法

按摩 用拇指按揉三陽絡 200 次，每天堅持，可防治上肢偏癱。

艾灸 用艾條雀啄灸 5 ～ 10 分鐘，每天一次，治療耳鳴、耳聾等病症。

老中醫臨床經驗：
主治耳聾、耳鳴、手臂痛、牙痛、眼疾、胸脅痛等病症。

四瀆穴 「清利咽喉治牙痛」

取穴

位於前臂背側，當陽池與肘尖的連線上，肘尖下 5 寸。

自然療法

按摩 用拇指按揉四瀆 200 次，每天堅持，可緩解手臂痠痛、牙痛。

艾灸 用艾條溫和灸 5 ～ 10 分鐘，每天一次，可治療偏頭痛、耳鳴。

老中醫臨床經驗：
主治急性耳聾、耳鳴、牙痛、偏頭痛、呼吸氣短、咽喉痛、手臂痠痛等。

天井穴 「清熱涼血散瘀結」

清熱涼血、行氣散結

取穴

位於臂外側，屈肘時，肘尖直上 1 寸凹陷處。

自然療法

按摩 用拇指按揉天井 200 次，每天堅持，可防治偏頭痛。

艾灸 用艾條雀啄灸 5 ～ 10 分鐘，每天一次，可治療偏頭痛、耳鳴。

老中醫臨床經驗：
主治偏頭痛、耳聾、耳鳴、淋巴結結核、麥粒腫、肩臂痛等病症。

清冷淵穴 「疏散風寒止痹痛」

通經止痛

取穴

位於手臂外側，屈肘時，當肘尖直上 2 寸。

自然療法

按摩 用拇指按揉清冷淵 200 次，每天堅持，可改善肩臂痛、頭痛。

艾灸 用艾條迴旋灸 5 ～ 10 分鐘，每天一次，可治療偏頭痛、耳鳴。

老中醫臨床經驗：
主治頭痛、偏頭痛、耳鳴、目黃、肩臂痛等病症。

消濼穴 「頭項肩臂痛感消」 清熱安神、活絡止痛

取穴

位於臂後區，肘尖與肩峰角連線上，肘尖上 5 寸。

自然療法

按摩▶用拇指按揉消濼 200 次，每天堅持，可防治頭痛、肩周炎。

艾灸▶用艾條溫和灸 5～10 分鐘，每天一次，可治療頭痛、臂痛等。

老中醫臨床經驗：
主治頭痛、頸項強痛、臂痛、牙痛、癲癇、肩周炎等病症。

臑會穴 「化痰通絡筋骨強」 化痰散結、通絡止痛

取穴

位於臂外側，當肘尖與肩髎的連線上，肩髎下 3 寸，三角肌的後下緣。

自然療法

按摩▶用拇指揉按臑會 200 次，每天堅持，可緩解肩臂痛、肩周炎。

艾灸▶用艾條溫和灸 5～10 分鐘，每天一次，可治療肩胛腫痛、目疾。

老中醫臨床經驗：
主治肩臂痛、肩周炎、肩胛腫痛、目疾、頸淋巴結腫大、頸淋巴結結核等病症。

肩髎穴 「祛濕通絡治肩痛」

取穴

位於肩部，肩髃後方，當臂外展時，於肩峰後下方呈現凹陷處。

自然療法

按摩 用拇指指腹用力揉按肩髎 100 ～ 200 次，每天堅持，可緩解肩臂痛、肩周炎。

艾灸 用艾條溫和灸 10 分鐘，每天一次，可治療肩臂冷痛、肋間神經痛、頸項強痛等病症。

按摩圖

艾灸圖

老中醫臨床經驗：

主治肩臂痛、肩周炎、頸項強痛、腋下痛、肋間神經痛等病症。

配伍治病：

肩髎配肩井、天宗，主治肩重不能舉、肩周炎。肩髎配風池、曲池，主治風疹。肩髎配外關、章門，主治肋間神經痛。

天髎穴 「祛風除濕通經絡」

祛風除濕、通經止痛

取 穴

位於肩胛部，肩井與曲垣的中間，當肩胛骨上角處。

自然療法

按 摩 用拇指按揉天髎 200 次，每天堅持，可緩解肩臂痛、落枕等。

艾 灸 用艾條溫和灸 5 ～ 10 分鐘，每天一次，可治療肩背冷痛。

老中醫臨床經驗：
主治肩臂痛、頸項強痛、落枕、頸椎病、胸中煩滿等病症。

天牖穴 「明目活絡又止痛」

明目、止痛、活絡

取 穴

位於頸側部，當乳突的後下方，平下頜角，胸鎖乳突肌的後緣。

自然療法

按 摩 用拇指按揉天牖 200 次，每天堅持，可改善偏頭痛、落枕。

艾 灸 用艾條溫和灸 5 ～ 10 分鐘，每天一次，可治療耳鳴、偏頭痛。

老中醫臨床經驗：
主治頭暈、偏頭痛、面腫、目疾、耳鳴、項強、落枕等病症。

翳風穴 「聰耳通竅面癱療」

取穴

位於耳垂後方,當乳突下端前方凹陷中。

自然療法

按摩 用拇指指腹輕輕按揉翳風 100 ~ 200 次,每天堅持,可治療腮腺炎、下頜關節炎、耳鳴。

艾灸 用艾條溫和灸 5 分鐘,每天一次,可治療面癱、中耳炎、下頜關節炎。

按摩圖

艾灸圖

老中醫臨床經驗:
主治腮腺炎、下頜關節炎、耳聾、耳鳴、中耳炎、面癱、牙關緊閉等病症。

配伍治病:
翳風配聽宮、聽會,主治耳鳴、耳聾、耳道炎。翳風配地倉、頰車、陽白,主治面神經麻痺。翳風配下關、頰車、合谷,主治頰腫。

瘛脈穴 「耳聾耳鳴不再愁」 熄風解痙、活絡通竅

取穴

位於頭部，當角孫與翳風之間，沿耳輪連線的中、下 1/3 的交點處。

自然療法

按摩 用手指指腹稍用力按壓瘛脈 3 分鐘，可治療頭痛、耳聾等病症。

艾灸 用艾條溫和灸 5 ～ 10 分鐘，每天一次，可治療小兒驚癇、瀉痢。

老中醫臨床經驗：
主治頭痛、耳聾、耳鳴、小兒驚癇、嘔吐、瀉痢等病症。

顱息穴 「洩熱聰耳開關竅」 通竅聰耳、洩熱鎮驚

取穴

位於頭部，當角孫與翳風之間，沿耳輪連線的上、中 1/3 的交點處。

自然療法

按摩 用食指、中指指腹按揉顱息 1 ～ 3 分鐘，可治療頭痛、耳鳴。

刮痧 用刮痧板的邊緣沿髮際線刮拭 15 ～ 30 次，可治療小兒驚癇、頭痛。

老中醫臨床經驗：
主治頭痛、耳鳴、耳痛、小兒驚癇、嘔吐涎沫、哮喘等病症。

角孫穴 「消腫止痛也明目」

取穴

位於頭部，摺耳廓向前，當耳尖直上入髮際處。

自然療法

按摩 用拇指按揉角孫 200 次，每天堅持，可治療頭項痛、眩暈等病症。

艾灸 用艾條溫和灸 5 ～ 10 分鐘，每天一次，可治療牙痛、目疾等病症。

老中醫臨床經驗：
主治耳部腫痛、目赤腫痛、牙痛、唇燥、頭項痛、眩暈等病症。

耳門穴 「開竅護耳有妙招」

開竅聰耳、洩熱活絡

取穴

位於面部，當耳屏上切跡的前方，下頜骨髁狀突後緣，張口有凹陷處。

自然療法

按摩 用拇指按揉耳門 200 次，每天堅持，可改善牙痛、耳鳴等病症。

艾灸 用艾條溫和灸 5 分鐘，每天一次，可治療耳鳴、耳聾等病症。

老中醫臨床經驗：
主治耳聾、耳鳴、耳道炎、牙痛、頸頷痛、頭痛、面癱等病症。

耳和髎穴 「開竅解痙利耳鼻」 祛風通絡、解痙止痛

取穴

位於頭側部，當鬢髮後緣，平耳廓根之前方，顳淺動脈的後緣。

自然療法

按摩 用拇指按揉耳和髎3分鐘，每天堅持，可治療鼻炎、耳鳴、頭痛。

刮痧 用刮痧板的邊緣輕輕刮拭15次，隔天一次，可治療牙關緊閉。

老中醫臨床經驗：
主治頭痛、耳鳴、牙關緊閉、鼻竇炎、鼻炎、頷腫、口渴等病症。

絲竹空穴 「明目鎮驚治眼疾」 明目鎮驚

取穴

位於面部，當眉梢凹陷處。

自然療法

按摩 用拇指按揉絲竹空200次，可改善頭暈、牙痛、目上視等病症。

刮痧 用面刮法沿眉毛刮拭30次，力度適中，可不出痧，可明目。

老中醫臨床經驗：
主治頭痛、頭暈、目眩、目上視、目赤腫痛、牙痛、面神經麻痹等。

第 12 章

足少陽膽經

足少陽膽經有四十四個穴位。膽經腧穴主治口乾口苦、脫髮、胸脅苦滿、膽怯易驚、食慾不振、失眠、皮膚萎黃、肝膽及神經系統疾病，還可以治療本經脈所過部位的病症。

肩井
輒筋　淵腋
日月
京門
帶脈
五樞
維道　居髎
環跳
風市
中瀆
膝陽關
陽陵泉
外丘　陽交
陽輔
光明
懸鐘
地五會
丘墟
足竅陰　足臨泣
俠溪

瞳子髎穴　「頭目疾病均能療」　　平肝息風、明目退翳

取穴

位於面部，目外眥旁 0.5 寸處，當眶外側緣處。

自然療法

按 摩　用拇指揉按瞳子髎 3 分鐘，長期按摩，可改善目痛、目赤。

刮 痧　用角刮法刮拭瞳子髎 30 次，力度適中，不出痧，可明目。

老中醫臨床經驗：
主治頭痛、目赤、目痛、白內障等病症。

聽會穴　「開竅聰耳聽宮配」　　開竅聰耳、通經活絡

取穴

位於面部，當屏間切跡的前方，下頜骨髁突的後緣，張口有凹陷處。

自然療法

按 摩　用拇指揉按聽會 3 分鐘，長期按摩，可改善耳鳴、耳聾等病症。

艾 灸　用艾條溫和灸 10 分鐘，每天一次，可治療口眼歪斜、中耳炎。

老中醫臨床經驗：
主治耳鳴、耳聾、中耳炎、口眼歪斜、牙痛、三叉神經痛等病症。

上關穴 「耳鳴耳聾頭痛安」 聰耳通絡

取穴
位於耳前，下關直上，當顴弓的上緣凹陷處。

自然療法

按摩 用拇指揉按上關 3 分鐘，長期按摩，可改善耳鳴、耳聾等病症。

刮痧 用角刮法刮拭 15 次，隔天一次，可治療面癱、牙痛等病症。

老中醫臨床經驗：
主治面癱、口眼歪斜、耳鳴、中耳炎、耳聾、牙痛、小兒驚風等。

頷厭穴 「改善視力清風熱」 清熱散風、通絡止痛

取穴
位於頭部鬢髮處，頭維與曲鬢弧形連線的上 1/4 與下 3/4 交點處。

自然療法

按摩 用拇指按揉頷厭 3 分鐘，長期按摩，治療頭痛、眩暈等病症。

艾灸 用艾條溫和灸 10 分鐘，每天一次，可治療耳鳴、牙痛、頭痛。

老中醫臨床經驗：
主治頭痛、眩暈、耳鳴、結膜炎、牙痛、抽搐、驚癇等病症。

懸顱穴　「袪風止痛且明目」　　降濁除濕、疏風明目

取穴

位於頭部鬢髮上，當頭維與曲鬢弧形連線的中點處。

自然療法

按摩 ▶ 用拇指揉按懸顱 3 分鐘，長期按摩，可改善頭痛、目痛。

刮痧 ▶ 用刮痧板邊緣刮拭 15 次，隔天一次，可治療目外眥痛、牙痛。

老中醫臨床經驗：
主治頭痛、目赤腫痛、目外眥痛、牙痛等病症。

懸釐穴　「清熱散風消浮腫」　　通絡解表、清熱散風

取穴

位於頭部鬢髮處，頭維與曲鬢弧形連線的上 3/4 與下 1/4 交點處。

自然療法

按摩 ▶ 用拇指揉按懸釐 3 分鐘，長期按摩，可改善頭痛、神經衰弱。

艾灸 ▶ 用艾條溫和灸 10 分鐘，一天一次，可治療顏面浮腫、耳鳴。

老中醫臨床經驗：
主治頭痛、顏面浮腫、目外眥痛、耳鳴、神經衰弱等病症。

曲鬢穴 「清心開竅疼痛消」 清熱止痛、活絡通竅

取穴

位於頭部，當耳前鬢角髮際後緣的垂線與耳尖水平線交點處。

自然療法

按摩 用拇指按揉曲鬢 3 分鐘，長期按摩，可改善偏頭痛、牙痛。

刮痧 用角刮法刮拭 2 ～ 3 分鐘，隔天一次，可治療牙關緊閉、牙痛。

老中醫臨床經驗：
主治偏頭痛、牙關緊閉、牙痛、嘔吐、目赤腫痛等病症。

率谷穴 「平肝息風頭痛息」 平肝息風

取穴

位於頭部，當耳尖直上入髮際1.5寸，角孫直上方。

自然療法

按摩 用拇指指腹揉按 3 ～ 5 分鐘，長期按摩，可改善偏頭痛、目眩。

刮痧 用刮痧板邊緣刮拭 1 分鐘，隔天一次，可治療耳鳴、胃炎等病症。

老中醫臨床經驗：
主治偏頭痛、三叉神經痛、目眩、驚癇、面癱、耳鳴、胃炎等病症。

天衝穴 「益氣補陽止疼痛」 清熱散風、鎮靜止痛

取穴

位於頭部，耳根後緣直上，入髮際 2 寸，率谷後 0.5 寸。

自然療法

按摩 用手指指尖揉按天衝 3 ～ 5 分鐘，長期按摩，可改善癲癇、頭痛。

刮痧 用角刮法刮拭 2 ～ 3 分鐘，隔天一次，可治療頭痛、牙齦腫痛。

老中醫臨床經驗：
主治頭痛、偏頭痛、牙齦腫痛、癲癇等病症。

浮白穴 「理氣止痛耳目靈」 散風止痛、理氣散結

取穴

位於頭部耳後乳突後上方，天衝與完骨弧形連線的中 1/3 與上 1/3 交點處。

自然療法

按摩 用拇指揉按浮白 3 ～ 5 分鐘，長期按摩，可改善頭痛、中風後遺症。

刮痧 用角刮法刮拭 2 ～ 3 分鐘，隔天一次，可治療目痛、扁桃體炎。

老中醫臨床經驗：
主治頭痛、目痛、扁桃體炎、中耳炎、耳鳴、中風後遺症等病症。

頭竅陰穴 「開竅聰耳平肝陽」 平肝鎮痛、開竅聰耳

取穴

位於耳後乳突的後上方，當天衝與完骨的中 1/3 與下 1/3 交點處。

自然療法

按摩 ▶ 用拇指揉按頭竅陰 3 分鐘，長期按摩，可改善頭痛、眩暈。

艾灸 ▶ 用艾條迴旋灸 10 分鐘，每天一次，可治療眩暈、耳鳴、耳道炎。

老中醫臨床經驗：
主治眩暈、耳鳴、耳聾、耳道炎、頭痛、三叉神經痛等病症。

完骨穴 「祛風清熱又安神」 祛風、清熱、安神

取穴

位於頭部，當耳後乳突的後下方凹陷處。

自然療法

按摩 ▶ 用手指指尖揉按 2～3 分鐘，長期按摩，可改善頭痛、失眠。

艾灸 ▶ 用艾條溫和灸 10 分鐘，每天一次，可治療面癱、落枕、項強。

老中醫臨床經驗：
主治面癱、落枕、項強、中耳炎、頭痛、失眠等病症。

本神穴 「調神開竅睡眠好」 祛風定驚、安神止痛

取穴

位於頭部，當前髮際上 0.5 寸，神庭旁開 3 寸。

自然療法

按摩 用手指指尖揉按本神 2 ～ 3 分鐘，長期按摩，可改善頭痛、目眩。

刮痧 用刮痧板邊緣刮拭 30 次，隔天一次，可治療失眠、偏癱等病症。

老中醫臨床經驗：
主治頭痛、偏頭痛、目眩、癲癇、失眠、神經衰弱、偏癱等病症。

陽白穴 「清頭明目祛風熱」 清頭明目、祛風洩熱

取穴

位於前額部，瞳孔直上，當眉毛上方 1 寸處。

自然療法

按摩 用拇指按揉陽白 3 分鐘，長期按摩，可改善頭痛、眩暈等病症。

刮痧 用角刮法刮拭 15 次，隔天一次，可治療近視、沙眼、角膜炎。

老中醫臨床經驗：
主治頭痛、眩暈、面癱、近視、角膜炎、沙眼等病症。

頭臨泣穴 「聰耳明目配百會」 聰耳明目、安神定志

取穴

位於頭部，當瞳孔直上入前髮際 0.5 寸，神庭與頭維連線的中點處。

自然療法

按摩 ▶ 用拇指揉按頭臨泣 5 分鐘，長期按摩，可改善頭痛、目眩。

刮痧 ▶ 用刮痧板邊緣刮拭 2 分鐘，隔天一次，可治療目赤腫痛。

老中醫臨床經驗：
主治頭痛、目眩、目赤腫痛、迎風流淚、白內障等病症。

目窗穴 「明目安神視力好」 明目開竅、袪風定驚

取穴

位於頭部，當前髮際上 1.5 寸，頭正中線旁開 2.25 寸。

自然療法

按摩 ▶ 用拇指點按目窗 5 分鐘，長期按摩，可改善頭痛、目眩。

艾灸 ▶ 用艾條溫和灸 10 分鐘，每天一次，可治療面部浮腫、頭痛。

老中醫臨床經驗：
主治頭痛、目眩、遠視、近視、目赤腫痛、癲癇、面部浮腫等病症。

正營穴　「定眩止嘔平肝風」　　平肝明目、疏風止痛

取穴
位於頭部，前髮際上 2.5 寸，頭正中線旁開 2.25 寸。

自然療法

按摩　用拇指點按正營 5 分鐘，長期按摩，可改善頭痛、頭暈、牙痛。

艾灸　用艾條溫和灸 10 分鐘，一天一次，可治療頭痛、頭暈、目眩。

老中醫臨床經驗：
主治頭痛、頭暈、目眩、牙痛、唇吻強急、嘔吐等病症。

承靈穴　「疏肝通絡清風熱」　　通利官竅、散風清熱

取穴
位於頭部，當前髮際上 4 寸，頭正中線旁開 2.25 寸。

自然療法

按摩　用拇指揉按承靈 5 分鐘，長期按摩，可改善頭暈、眩暈、耳鳴。

艾灸　用艾條溫和灸 10 分鐘，一天一次，可治療目痛、鼻竇炎、鼻出血。

老中醫臨床經驗：
主治頭暈、眩暈、耳鳴、目痛、鼻竇炎、鼻出血、鼻塞等病症。

腦空穴 「醒腦寧神清風熱」

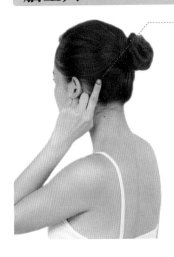

取穴

位於腦部，當枕外隆凸的上緣外側，頭正中線旁開 2.25 寸。

自然療法

按 摩 用拇指揉按腦空 5 分鐘，長期按摩，可改善目眩、哮喘、頭痛。

艾 灸 用艾條溫和灸 10 分鐘，一天一次，可治療哮喘、癲癇、心悸。

老中醫臨床經驗：
主治頭痛、感冒、目眩、哮喘、癲癇、心悸等病症。

肩井穴 「消腫止痛肩病按」

消腫止痛、祛風解毒

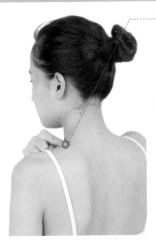

取穴

位於肩上，前直乳中，當大椎與肩峰端連線的中點上。

自然療法

按 摩 用拇指按揉肩井 5 分鐘，長期按摩，可改善肩周炎、落枕。

艾 灸 用艾條溫和灸 10 分鐘，一天一次，可治療中風、落枕、肩周炎。

老中醫臨床經驗：
主治肩部痠痛、肩周炎、高血壓、中風、落枕等病症。

風池穴 「內風外風皆能療」

平肝息風、通利官竅

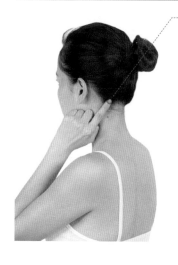

取穴

位於項部，當枕骨之下，與風府相平，胸鎖乳突肌與斜方肌上端之間的凹陷處。

自然療法

按摩 用拇指與食指指腹夾按風池 3～5 分鐘，長期按摩，可改善頭痛、眩暈、頸項強痛等。

艾灸 用艾條溫和灸 10 分鐘，一天一次，可治療耳聾、中風、口眼歪斜、瘧疾等病症。

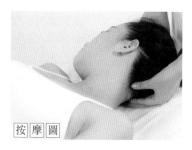

按摩圖

艾灸圖

老中醫臨床經驗：

主治頭痛、眩暈、頸項強痛、耳聾、中風、口眼歪斜、瘧疾等病症。

配伍治病：

風池配大椎、後溪，主治頸項強痛。風池配睛明、太陽、太衝，主治目赤腫痛。風池配陽白、顴髎、頰車，主治口眼歪斜。

淵腋穴 「理氣寬胸祛腫痛」

寬胸止痛、消腫通經

取穴

位於腋中線上，腋窩下 3 寸，第四肋間隙中。

自然療法

按摩 用手指指尖按揉淵腋 2 ～ 3 分鐘，長期按摩，可改善肋間神經痛。

艾灸 用艾條溫和灸 10 分鐘，一天一次，可治療肩臂疼痛、腋下腫痛。

老中醫臨床經驗：
主治肋間神經痛、胸膜炎、肩臂痛、上肢痺痛、腋下腫痛等病症。

輒筋穴 「理氣平喘止嘔吐」

理氣止痛、降逆平喘

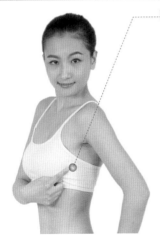

取穴

位於側胸部，淵腋前 1 寸，第四肋間隙中。

自然療法

按摩 用手指指尖揉按輒筋 2 ～ 3 分鐘，長期按摩，可改善哮喘、胸膜炎。

艾灸 用艾條溫和灸 10 分鐘，一天一次，可治療肋間神經痛、胸脅痛。

老中醫臨床經驗：
主治胸脅痛、哮喘、嘔吐、腋腫、肩臂疼痛、胸膜炎、肋間神經痛。

日月穴 「肝膽舒暢苦滿少」 利膽疏肝、降逆和胃

取穴

位於上腹部，當乳頭直下，第七肋間隙，前正中線旁開 4 寸。

自然療法

按摩 用手掌大魚際按擦日月 5 分鐘，長期按摩，可改善胸脅痛。

艾灸 用艾條溫和灸 10 分鐘，一天一次，可治療黃疸、胃痛、嘔吐。

老中醫臨床經驗：
主治黃疸、胸脅痛、胃痛、嘔吐、肝炎、膽囊炎等病症。

京門穴 「利水消脹健腰腎」 健脾通淋、溫陽益腎

取穴

在上腹部，第十二肋骨游離端的下際。

自然療法

按摩 用拇指揉按京門 5 分鐘，長期按摩，可改善小便不利、腹脹。

艾灸 用艾條溫和灸 10 分鐘，一天一次，可治療水腫、腰痛、腎炎。

老中醫臨床經驗：
主治腎炎、腹脹、腹痛、水腫、腰痛、洩瀉、小便不利等病症。

帶脈穴 「按摩艾灸治帶下」

行氣活血

取穴

位於側腹部，當第十一肋骨游離端下方垂線與臍水平線的交點上。

自然療法

按摩 用拇指點按帶脈 5 分鐘，長期按摩，可改善月經不調、閉經。

艾灸 用艾條溫和灸 10 分鐘，一天一次，可治療帶下病、閉經、痛經。

老中醫臨床經驗：
主治月經不調、閉經、帶下病、痛經、小腹疼痛等病症。

五樞穴 「調經止帶理下焦」

調經止帶、調理下焦

取穴

位於側腹部，當髂前上棘的前方，橫平臍下 3 寸處。

自然療法

按摩 用拇指點按五樞 5 分鐘，長期按摩，可改善月經不調、疝氣。

艾灸 用艾條溫和灸 10 分鐘，一天一次，可治療便秘、腰痛、腹痛。

老中醫臨床經驗：
主治腹痛、帶下病、月經不調、疝氣、便秘、腰痛等病症。

維道穴 「利水止痛消炎症」 利水止痛

取穴

位於側腹部，髂前上棘的前下方，五樞前下 0.5 寸。

自然療法

按摩 ▸ 用拇指點按維道 5 分鐘，長期按摩，可治療帶下病、盆腔炎。

艾灸 ▸ 用艾條雀啄灸 10 分鐘，一天一次，可治療腹痛、帶下病、腸炎。

老中醫臨床經驗：
主治腹痛、帶下病、盆腔炎、子宮脫垂、腸炎、腎炎等病症。

居髎穴 「舒經活絡強筋骨」 舒經活絡、益腎強健

取穴

位於髖部，當髂前上棘與股骨大轉子最凸點連線的中點處。

自然療法

按摩 ▸ 用手掌大魚際按擦居髎 10 分鐘，長期按摩，可治療下肢痿痹。

艾灸 ▸ 用艾條溫和灸 10 分鐘，一天一次，可治療腎炎、膀胱炎、腰痛。

老中醫臨床經驗：
主治疝氣、胃痛、睪丸炎、腎炎、膀胱炎、腰痛、下肢痿痹等病症。

環跳穴 「通經活絡利腰腿」

利腰腿、通經絡

取穴

位於股外側部，側臥屈股，股骨大轉子最高點與骶管裂孔連線的外 1/3 與中 1/3 交點處。

自然療法

按摩 用手掌大魚際擦按環跳 5 ～ 10 分鐘，長期按摩，可改善下肢麻痺、坐骨神經痛等病症。

艾灸 用艾條溫和灸 5 ～ 10 分鐘，一天一次，可治療濕邪犯下肢、感冒、風疹、膝脛痠痛等病症。

按摩圖

艾灸圖

老中醫臨床經驗：

主治濕邪犯下肢、下肢麻痺、坐骨神經痛、膝脛痠痛、感冒、風疹等病症。

配伍治病：

環跳配殷門、陽陵泉、委中、昆侖，主治坐骨神經痛。環跳配居髎、委中、懸鐘，主治風寒濕痺證。環跳配風池、曲池，主治遍身風疹。

風市穴　「下肢痿痹找風市」　祛風化濕

取穴

位於大腿外側部的中線上，直立垂手時，掌心貼於大腿時，中指尖處所指的凹陷中。

自然療法

按摩▶用拇指壓揉風市3分鐘，長期按摩，可改善下肢痿痹、腿痛。

艾灸▶用艾條溫和灸10分鐘，一天一次，可治療坐骨神經痛、偏癱。

老中醫臨床經驗：
主治下肢痿痹、腰腿疼痛、坐骨神經痛、偏癱、頭痛等病症。

中瀆穴　「通經止痛祛風寒」　疏通經絡、祛風散寒

取穴

位於大腿外側，橫紋上7寸，股外側肌與股二頭肌之間。

自然療法

按摩▶用手指指尖壓揉中瀆2～3分鐘，長期按摩，可改善下肢痿痹、麻木。

艾灸▶用艾條溫和灸10分鐘，一天一次，可治療腓腸肌痙攣、半身不遂。

老中醫臨床經驗：
主治腓腸肌痙攣、下肢痿痹、半身不遂、坐骨神經痛等病症。

膝陽關穴 「祛風化濕利關節」　　疏利關節、祛風化濕

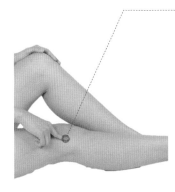

取穴

位於膝外側，當陽陵泉上 3 寸，股骨外上髁上方的凹陷處。

自然療法

按摩 用拇指揉按膝陽關 5 分鐘，長期按摩，可改善膝關節炎、腿痛。

艾灸 用艾條溫和灸 10 分鐘，一天一次，可治療濕邪犯下肢、坐骨神經痛等。

老中醫臨床經驗：
主治濕邪犯下肢、膝關節炎、下肢癱瘓、坐骨神經痛、膝脛疼痛等病症。

陽陵泉穴 「強腰健膝治痿痺」　　疏肝解鬱、強健腰膝

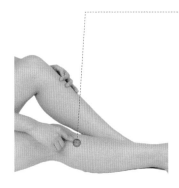

取穴

位於小腿外側，腓骨小頭前下方的凹陷中。

自然療法

按摩 用拇指指腹按揉陽陵泉 5 分鐘，長期按摩，可改善下肢痿痺。

艾灸 用艾條溫和灸 10 分鐘，一天一次，可治療嘔吐、坐骨神經痛。

老中醫臨床經驗：
主治下肢痿痺、膝關節炎、嘔吐、驚風、半身不遂、坐骨神經痛。

陽交穴 「祛風除濕利關節」 疏肝理氣、通經活血

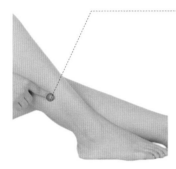

取穴
位於小腿外側，當外踝尖上 7 寸，腓骨後緣。

自然療法

按摩 用拇指按揉陽交 3 ～ 5 分鐘，長期按摩，可改善下肢痿痹、膝關節痛。

艾灸 用艾條溫和灸 10 分鐘，一天一次，可治療坐骨神經痛、足脛痿痹。

老中醫臨床經驗：
主治坐骨神經痛、下肢痿痹、膝關節痛、足脛痿痹等病症。

外丘穴 「疏肝理氣安心神」 疏肝理氣、通絡安神

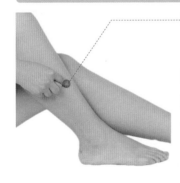

取穴
位於小腿外側，外踝尖上 7 寸處，與陽交相平。

自然療法

按摩 用手指指尖揉按外丘 3 ～ 5 分鐘，長期按摩，可改善下肢麻痹、癲癇。

艾灸 用艾炷隔薑灸 3 ～ 5 壯，一天一次，可治療胸脅痛、腿痛、足痛。

老中醫臨床經驗：
主治腓腸肌痙攣、下肢麻痹、胸脅痛、腿痛、足痛、癲癇等病症。

光明穴 「預防近視老花眼」 疏肝明目、活絡消腫

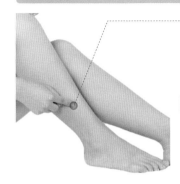

取 穴
位於小腿外側，當外踝尖上 5 寸，腓骨前緣。

自然療法

按 摩 用手指指尖掐按光明 3 ～ 5 分鐘，長期按摩，可改善夜盲、青光眼。

艾 灸 用艾條溫和灸 10 分鐘，一天一次，可治下肢痿痹、膝痛、足痛。

老中醫臨床經驗：
主治目痛、夜盲、青光眼、膝痛、下肢痿痹、足痛等病症。

陽輔穴 「祛風滲濕利筋骨」 祛風止痛、活絡消腫

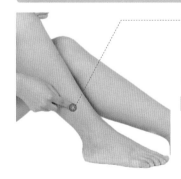

取 穴
位於小腿外側，當外踝尖上 4 寸，腓骨前緣稍前方。

自然療法

按 摩 用拇指揉按陽輔 5 分鐘，長期按摩，可改善半身不遂、膝痛。

艾 灸 用艾條溫和灸 10 分鐘，一天一次，可治療膝關節炎、下肢麻痹。

老中醫臨床經驗：
主治偏頭痛、半身不遂、腰痛、下肢麻痹、膝關節炎、膝痛等病症。

懸鐘穴 「舒肝利膽活經脈」

平肝息風、舒肝益腎

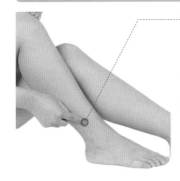

取穴

位於小腿外側，外踝尖上 3 寸處，腓骨前緣。

自然療法

按摩▶用拇指指腹按揉懸鐘 3～5 分鐘，長期按摩，可改善頭痛、腰痛。

艾灸▶用艾條溫和灸 10 分鐘，一天一次，可治療中風後遺症、落枕。

老中醫臨床經驗：
主治頭痛、腰痛、半身不遂、中風後遺症、高血壓、頸椎病、落枕。

丘墟穴 「穩定情緒頭腦清」

通經脈、利關節

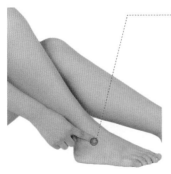

取穴

位於足外踝的前下方，當趾長伸肌腱的外側凹陷處。

自然療法

按摩▶用手指指尖揉按丘墟 3～5 分鐘，長期按摩，可改善頭痛、疝氣。

艾灸▶用艾條溫和灸 10 分鐘，一天一次，可治療中風偏癱、下肢痿痹。

老中醫臨床經驗：
主治頭痛、瘧疾、疝氣、目赤腫痛、中風偏癱、下肢痿痹等病症。

足臨泣穴 「頭痛心悸目眩按」 舒肝熄風、化痰消腫

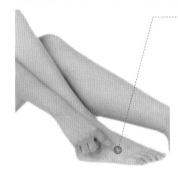

取穴

位於足背外側，當足四趾關節的後方，小趾伸肌腱的外側凹陷處。

自然療法

按摩 用拇指掐按足臨泣 3 分鐘，長期按摩，可改善頭痛、心悸等。

艾灸 用艾條溫和灸 10 分鐘，一天一次，可治療中風偏癱、目眩。

老中醫臨床經驗：
主治頭痛、心悸、目眩、中風偏癱、足痛等病症。

地五會穴 「清肝洩膽耳目明」 舒肝消腫、通經活絡

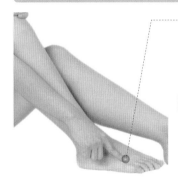

取穴

位於足背外側四趾關節後方，第四、五跖骨之間，小趾伸肌腱的內側緣。

自然療法

按摩 用手指指尖掐按地五會 2 ～ 3 分鐘，長期按摩，可改善頭痛、目赤等。

艾灸 用艾條溫和灸 10 分鐘，一天一次，可治療乳腺炎、目赤、耳鳴。

老中醫臨床經驗：
主治頭痛、目赤、耳鳴、耳聾、乳腺炎、足背腫痛等病症。

俠溪穴 「平肝息風暈痛消」

疏調肝膽、消腫止痛

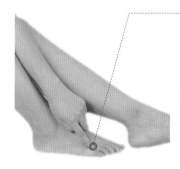

取穴

位於足背外側，當第四、五趾間，趾蹼緣後方赤白肉際處。

自然療法

按摩 用拇指指尖掐按俠溪 5 ～ 6 分鐘，長期按摩，可改善頭痛、眩暈。

艾灸 用艾條溫和灸 10 分鐘，一天一次，可治療中風、驚悸、耳鳴。

老中醫臨床經驗：
主治頭痛、眩暈、目赤腫痛、中風、高血壓、驚悸、耳鳴等病症。

足竅陰穴 「通經止痛又聰耳」

通經、止痛、聰耳

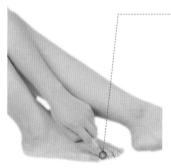

取穴

位於足第四趾末節外側，距趾甲角 0.1 寸（指寸）。

自然療法

按摩 用拇指掐按足竅陰 5 分鐘，長期按摩，可改善偏頭痛、目痛。

艾灸 用艾條溫和灸 10 分鐘，一天一次，可治療耳聾、耳鳴等病症。

老中醫臨床經驗：
主治偏頭痛、目眩、耳聾、耳鳴、失眠、目赤腫痛、足趾麻木疼痛。

足厥陰肝經

足厥陰肝經有十四個穴位。肝經腧穴主治腰痛、胸滿、呃逆、遺尿、小便不利、疝氣、腹痛、肝病、婦科病、前陰病等病症，還可以治療本經脈循行部位的其他病症。

期門

章門

急脈
陰廉
足五里

陰包

中都
蠡溝

中封
太衝
行間
大敦

陰包
曲泉
膝關

大敦穴 「疏肝理氣和氣血」　　回陽救逆、調經通淋

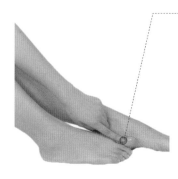

取穴

位於足大趾末節外側，當距趾甲角 0.1 寸（指寸）。

自然療法

按摩 用拇指指尖掐按大敦 15 次，每天堅持，可治療疝氣。

艾灸 用艾條溫和灸 5 ～ 10 分鐘，每天一次，可治療疝氣、崩漏。

老中醫臨床經驗：
主治癲癇、疝氣、腹痛、遺尿、月經不調、崩漏、子宮脫垂等病症。

行間穴 「氣血循經名行間」　　清熱瀉火、涼血安神

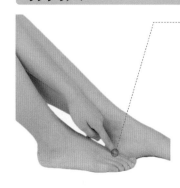

取穴

位於足背側，當第一、二趾間，趾蹼緣的後方赤白肉際處。

自然療法

按摩 用拇指掐按行間 3 ～ 5 次，每天堅持，可治療失眠、神經衰弱。

艾灸 用艾條溫和灸 5 ～ 10 分鐘，每天一次，可治療胸脅脹痛、陽痿。

老中醫臨床經驗：
主治目赤腫痛、失眠、神經衰弱、月經不調、痛經、陽痿等病症。

太衝穴　「水濕風氣均能散」　疏肝養血、清利下焦

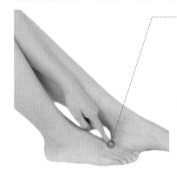

取穴
位於足背側，當第一跖骨間隙的後方凹陷處。

自然療法

按摩 用拇指掐按太衝 30 次，每天堅持，可治療頭暈、眩暈、遺尿。

艾灸 用艾條溫和灸 5 ～ 10 分鐘，每天一次，可治療遺尿、月經不調。

老中醫臨床經驗：
主治頭暈、眩暈、遺尿、月經不調、足背腫痛等病症。

中封穴　「調理下焦清肝膽」　清洩肝膽、舒經通絡

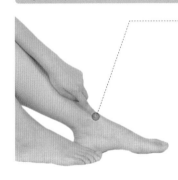

取穴
位於足背側，當足內踝前，脛骨前肌腱的內側凹陷處。

自然療法

按摩 用拇指掐按中封 30 次，每天堅持，可治療脅肋疼痛、足痛。

艾灸 用艾條溫和灸 5 ～ 10 分鐘，每天一次，可治療陰莖痛、疝氣。

老中醫臨床經驗：
主治陰莖痛、遺精、小便不利、疝氣、腰痛、脅肋痛、內踝腫痛等。

蠡溝穴 「疏肝理氣治下焦」

疏肝理氣、調經止帶

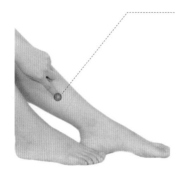

取穴

位於小腿內側，當足內踝尖上 5 寸，脛骨內側面的中央。

自然療法

按摩 用拇指掐按蠡溝 30 次，每天堅持，可治療月經不調、痛經。

艾灸 用艾條溫和灸 5 ～ 10 分鐘，每天一次，可改善月經不調、疝氣。

老中醫臨床經驗：
主治下肢痿痛、月經不調、疝氣、痛經、崩漏等病症。

中都穴 「調經止血疏肝氣」

疏肝理氣、調經止血

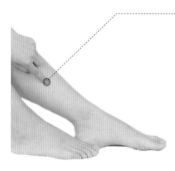

取穴

位於小腿內側，當足內踝尖上 7 寸，脛骨內側面的中央。

自然療法

按摩 用拇指按揉中都 200 次，每天堅持，可治療小腹痛、膝關節炎。

艾灸 用艾條溫和灸 5 ～ 10 分鐘，每天一次，可治療疝氣、痛經、崩漏。

老中醫臨床經驗：
主治脅痛、腹脹、腹痛、疝氣、崩漏、痛經、膝關節炎、足軟無力。

膝關穴　「祛濕防治關節炎」

疏通關節、散風祛濕

取穴

位於小腿內側，當脛骨內上髁的後下方，陰陵泉後 1 寸。

自然療法

按摩 用拇指按揉膝關 200 次，每天堅持，可治療膝痛、膝關節炎。

艾灸 用艾條溫和灸 5 ～ 10 分鐘，每天一次，可改善下肢痹痛、麻木。

老中醫臨床經驗：
主治膝痛、下肢麻木、膝關節炎、咽喉痛等病症。

曲泉穴　「男女生殖大保健」

清利濕熱、通調下焦

取穴

位於膝部，膕橫紋內側端，半腱肌、半膜肌止端的前緣凹陷處。

自然療法

按摩 用拇指按揉曲泉 200 次，每天堅持，可治療痛經、帶下病、膝痛。

艾灸 用艾條溫和灸 5 ～ 10 分鐘，每天一次，可改善月經不調、遺精。

老中醫臨床經驗：
主治月經不調、痛經、陰癢、帶下病、遺精、膝痛、膝關節炎等。

陰包穴 「調經止痛活氣血」

調經止痛、舒經活絡

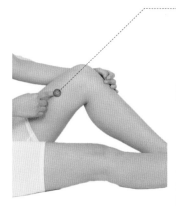

取穴

位於股前區，髕底上 4 寸，股薄肌與縫匠肌之間。

自然療法

按摩 用拇指按揉陰包 200 次，每天堅持，可治療月經不調、腹痛。

艾灸 用艾條溫和灸 5 ～ 10 分鐘，每天一次，可改善月經不調、遺尿。

老中醫臨床經驗：
主治頭痛、目眩、腹痛、膝痛、月經不調、遺尿、小便不利等病症。

足五里穴 「疏肝理氣保健穴」

理氣活血、清利下焦

取穴

位於大腿內側根部，氣衝直下 3 寸，恥骨結節的下方。

自然療法

按摩 用拇指按揉足五里 200 次，每天堅持，可治療腹痛、小便不利。

艾灸 用艾條溫和灸 5 ～ 10 分鐘，每天一次，可改善陰囊濕疹、腿痛。

老中醫臨床經驗：
主治腹痛、小便不利、四肢倦怠、陰囊濕疹、睪丸腫痛、腿痛等。

陰廉穴 「呵護女人調經帶」

取穴

位於大腿內側根部，氣衝直下 2 寸，恥骨結節的下方。

自然療法

按摩 用拇指按揉陰廉 200 次，每天堅持，可治療月經不調、赤白帶下。

艾灸 用艾條溫和灸 5 ～ 10 分鐘，每天一次，可改善腹痛、月經不調。

老中醫臨床經驗：
主治月經不調、赤白帶下、少腹疼痛、股內側痛、下肢攣急等病症。

急脈穴 「疏肝理氣調下焦」

疏理肝膽、行氣止痛

取穴

位於恥骨結節外，氣衝下方腹股溝股動脈搏動處，前正中線旁開 2.5 寸。

自然療法

按摩 用拇指按壓急脈 3 分鐘，每天堅持，可治療下肢冷痛、疝氣。

艾灸 用艾條溫和灸 5 ～ 10 分鐘，每天一次，可改善睪丸腫痛、腹痛。

老中醫臨床經驗：
主治疝氣、陰部腫痛、腹痛、股內側痛、下肢冷痛等病症。

章門穴 「理氣除脹章門強」 疏肝健脾、理氣散結

取穴

位於側腹部,當第十一肋游離端的下方。

自然療法

按摩 用拇指按揉章門 200 次,每天堅持,可治療腹痛、胸脅脹痛。

艾灸 用艾條溫和灸 5 ～ 10 分鐘,每天一次,可改善胸脅痛、洩瀉。

老中醫臨床經驗:
主治胸脅脹痛、嘔吐、腹脹、洩瀉、飢不欲食、咳喘等病症。

期門穴 「疏肝理氣能活血」 疏肝健脾、理氣活血

取穴

位於胸部,當乳頭直下,第六肋間隙,前正中線旁開 4 寸。

自然療法

按摩 用拇指按揉期門 200 次,每天堅持,可治療胸脅痛、消化不良。

艾灸 用艾條溫和灸 5 ～ 10 分鐘,每天一次,可改善嘔吐、胃痙攣。

老中醫臨床經驗:
主治腹痛、嘔吐、胸脅痛、黃疸、消化不良、胃痙攣、胸悶等病症。

第 14 章

督脈

督脈有二十二個穴位。督脈腧穴主治頸肩腰腿痛、頸部發硬、煩躁易怒、失眠多夢、畏寒肢冷、頭暈目眩、手足震顫、中風、神經衰弱、健忘、癡呆、痔瘡、脫肛、子宮脫垂等病症，還可以治療本經脈所過部位的其他病症。

百會
頂
後頂
強間
腦戶
風府
瘂門

大椎
陶道
身柱
神道
台
靈台
至陽
筋縮
中樞
脊中
懸樞
命門
腰陽關
腰俞
長強

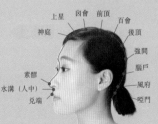

上星　囟會　前頂
神庭　　　　　百會
　　　　　　　後頂
　　　　　　　強間
素髎　　　　　腦戶
水溝（人中）　風府
兌端　　　　　瘂門

齦交

長強穴 「調和氣血腎虛按」

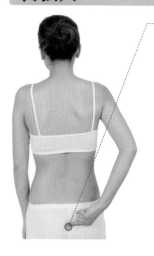

取穴

位於尾骨端下，當尾骨端與肛門連線的中點處。

自然療法

按摩 用食指、中指指尖揉按長強 3〜5分鐘，長期堅持，可治療遺精。

艾灸 用艾條迴旋灸10分鐘，一天一次，可治療痔瘡、洩瀉、脫肛。

老中醫臨床經驗：
主治痔瘡、洩瀉、便秘、脫肛、腰脊痛、尾骨痛、腰神經痛、遺精。

腰俞穴 「強筋健骨配膀胱」

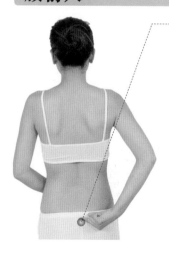

取穴

位於骶部，當後正中線上，適對骶管裂孔處。

自然療法

按摩 用大魚際揉按腰俞5分鐘，一天一次，可治療腰脊強痛、脫肛。

艾灸 用艾條溫和灸5分鐘，一天一次，可治療腹瀉、月經不調。

老中醫臨床經驗：
主治腰脊強痛、下肢痿痹、月經不調、腹瀉、便秘、脫肛等病症。

腰陽關穴 「陽氣上傳此穴續」 祛寒除濕、舒筋活絡

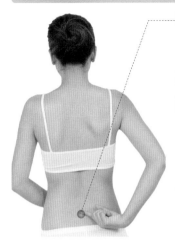

取穴

位於腰部，當後正中線上，第四腰椎棘突下凹陷中。

自然療法

按摩 用手掌大魚際揉按腰陽關2～3分鐘，每天堅持，可治療腰腿痛。

艾灸 用艾條溫和灸15分鐘，一天一次，治療膀胱炎、坐骨神經痛。

老中醫臨床經驗：
主治腰腿痛、坐骨神經痛、下肢痿痺、膀胱炎、月經不調等病症。

命門穴 「補腎壯陽命門魁」 補腎壯陽、利水消腫

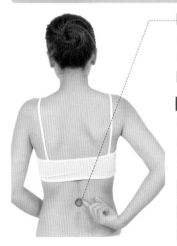

取穴

位於腰部，當後正中線上，第二腰椎棘突下凹陷中。

自然療法

按摩 用拇指揉按命門200次，長期堅持，可治療遺尿、尿頻、腰痛。

艾灸 用艾條溫和灸10分鐘，一天一次，治療頭暈、耳鳴、赤白帶下。

老中醫臨床經驗：
主治腰痛、遺尿、尿頻、胎屢墜、赤白帶下、手足逆冷、頭暈、耳鳴等。

懸樞穴 「腹脹腹痛艾灸痊」　助陽健脾、通調腸氣

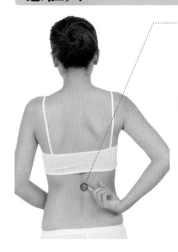

取穴

位於腰部，當後正中線上，第一腰椎棘突下凹陷中。

自然療法

按摩 用拇指揉按懸樞3分鐘，長期堅持，可防治腰部疾病。

艾灸 用艾條溫和灸15分鐘，一天一次，可治療腹脹、腹痛、痔瘡。

老中醫臨床經驗：
主治腹脹、腹痛、完穀不化、洩瀉、痢疾、痔瘡、腰部疾病等。

脊中穴 「溫陽健脾亦安神」　溫陽健脾、利濕安神

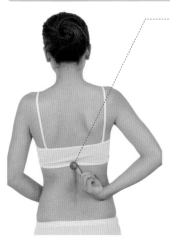

取穴

位於背部，當後正中線上，第十一胸椎棘突下凹陷中。

自然療法

按摩 用拇指揉按脊中3分鐘，長期堅持，可治療黃疸、脾虛等病症。

艾灸 用艾條溫和灸脊中15分鐘，一天一次，可治療胃痛、腹脹等病症。

老中醫臨床經驗：
主治胃痛、腹脹、腹瀉、風濕痛、黃疸、小兒營養不良、脫肛、癲癇等病症。

中樞穴　「散寒止痛健脾胃」　健脾利濕、清熱止痛

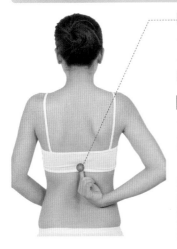

取穴

位於背部，當後正中線上，第十胸椎棘突下凹陷中。

自然療法

按摩 用拇指按揉中樞 5 分鐘，長期按摩，可改善胃痛、腹滿、腰痛。

艾灸 用艾條溫和灸 10 分鐘，一天一次，可治療腹滿、黃疸、嘔吐。

老中醫臨床經驗：
主治腰背疼痛、胃痛、食慾不振、腹滿、黃疸、嘔吐等病症。

筋縮穴　「平肝息風調肝氣」　祛濕通絡、疏調肝氣

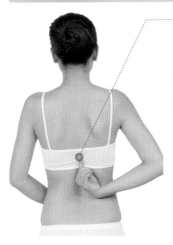

取穴

位於背部，當後正中線上，第九胸椎棘突下凹陷中。

自然療法

按摩 用拇指按揉筋縮 5 分鐘，長期按摩，可改善下肢痿痺、脊強。

艾灸 用艾條溫和灸 10 分鐘，一天一次，可治療癲癇、神經衰弱、黃疸。

老中醫臨床經驗：
主治癲癇、神經衰弱、腰背疼痛、脊強、黃疸、下肢痿痺等病症。

至陽穴 「咳嗽胸悶氣喘安」 利膽退黃、寬胸利膈

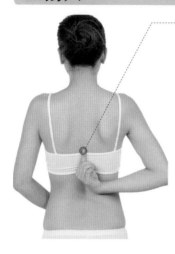

取穴

位於背部，當後正中線上，第七胸椎棘突下凹陷處。

自然療法

按摩▶ 用拇指點按至陽 300 次，長期堅持，可治療胃痙攣、胸悶、咳嗽。

艾灸▶ 用艾條溫和灸 10 分鐘，一天一次，可治療咳嗽、氣喘、黃疸。

老中醫臨床經驗：
主治胃痙攣、膈肌痙攣、胸悶、咳嗽、氣喘、黃疸等病症。

靈台穴 「止咳定喘清濕熱」 清熱化濕、止咳定喘

取穴

位於背部，當後正中線上，第六胸椎棘突下凹陷處。

自然療法

按摩▶ 用拇指推按靈台 3 分鐘，長期堅持，可治療哮喘、疔瘡等病症。

艾灸▶ 用艾條溫和灸 10 分鐘，一天一次，可治療寒熱感冒、咳嗽、氣喘。

老中醫臨床經驗：
主治感冒、咳嗽、氣喘、哮喘、胃痛、項強、脊痛、疔瘡等病症。

神道穴 「行氣清熱寧心神」

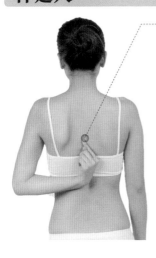

取穴

位於背部，當後正中線上，第五胸椎棘突下凹陷處。

自然療法

按摩 用拇指揉按神道 3 分鐘，長期按摩，可治療咳嗽、哮喘等病症。

艾灸 用艾條溫和灸 10 分鐘，一天一次，可治療失眠、神經衰弱等病症。

老中醫臨床經驗：
主治咳嗽、哮喘、心悸、失眠、神經衰弱、肩背痛、增生性脊椎炎。

身柱穴 「肺系疾病身柱按」

取穴

位於背部，當後正中線上，第三胸椎棘突下凹陷中。

自然療法

按摩 用食指和中指指腹揉按身柱 2～3 分鐘，可治療咳嗽、哮喘。

艾灸 用艾條溫和灸 10 分鐘，一天一次，可治療頭痛、感冒、肺炎。

老中醫臨床經驗：
主治咳嗽、哮喘、肺炎、頭痛、感冒、多夢等病症。

陶道穴 「解表退熱補肺氣」　　補益肺氣、鎮靜止痛

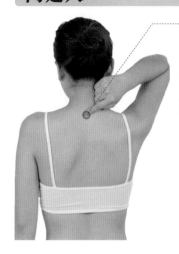

取穴

位於背部，當後正中線上，第一胸椎棘突下凹陷中。

自然療法

按摩 用大魚際按擦陶道 5 分鐘，長期按摩，可治療頭痛、胸痛等病症。

艾灸 用艾條溫和灸 10 分鐘，一天一次，可治療頭痛、惡寒發熱。

老中醫臨床經驗：
主治頭痛、脊背痠痛、胸痛、惡寒發熱、咳嗽、氣喘、瘧疾等病症。

大椎穴 「截瘧清熱大椎療」　　清熱解表、截瘧止癇

取穴

位於後正中線上，第七頸椎棘突下凹陷中。

自然療法

按摩 用食指、中指指腹揉按大椎 100 ～ 200 次，可防治風疹、熱病。

艾灸 用艾條隔薑灸 15 分鐘，一天一次，可治療嘔吐、呃逆、項強等。

老中醫臨床經驗：
主治風疹、熱病、呃逆、項強、陰虛體弱等病症。

啞門穴 「平肝息風能治啞」 開竅醒神、平肝息風

取穴

位於項部，當後髮際正中直上 0.5 寸，第一頸椎下。

自然療法

按摩 用食指、中指指腹揉按啞門 2 ～ 3 分鐘，每天按摩，可治療中風。

艾灸 用艾條溫和灸 15 分鐘，一天一次，可治療頭痛、頭暈等病症。

老中醫臨床經驗：
主治中風、癲癇、頭痛、頭暈、神經衰弱、頸項強痛、落枕等病症。

風府穴 「散風熄風關竅通」 散風熄風、通關開竅

取穴

位於項部，當後髮際正中直上 1 寸，兩側斜方肌之間凹陷中。

自然療法

按摩 用食指、中指指腹揉按風府 2 ～ 3 分鐘，每天堅持，可治療失音。

艾灸 用艾條溫和灸 15 分鐘，一天一次，可治療頭痛、頭暈等病症。

老中醫臨床經驗：
主治失音、癲狂、中風、頭痛、頭暈、失眠、神經衰弱等病症。

腦戶穴 「疏肝洩膽頭不暈」 醒神開竅、行氣散結

取穴

位於頭部，後髮際正中直上 2.5 寸，枕外隆凸的上緣凹陷處。

自然療法

按摩 ▶ 用食指、中指指尖揉按腦戶 2～3 分鐘，長期按摩，可防治頭疾。

艾灸 ▶ 用艾條溫和灸 10 分鐘，一天一次，可治療頭重、頭痛等病症。

老中醫臨床經驗：
主治頭痛、頭重、面赤目黃、聲音嘶啞、眩暈、癲癇等病症。

強間穴 「行氣化痰平肝風」 醒神寧心、平肝息風

取穴

位於頭部，當後髮際正中直上 4 寸，腦戶上 1.5 寸。

自然療法

按摩 ▶ 用食指、中指指腹揉按強間 2～3 分鐘，每天堅持，可治療頭痛。

艾灸 ▶ 用艾條溫和灸 15 分鐘，一天一次，可治療頭痛、頭暈等病症。

老中醫臨床經驗：
主治頭痛、頭暈、項強、心煩、失眠、腦膜炎、神經衰弱等病症。

後頂穴　「滋陰降火睡得香」　　醒神安神、疏經通絡

取穴

位於頭部，當後髮際正中直上 5.5 寸（腦戶上 3 寸）。

自然療法

按摩 ▶ 用拇指按揉後頂 3 分鐘，長期按摩，可治療偏頭痛、失眠。

艾灸 ▶ 用艾條溫和灸 10 分鐘，一天一次，可治療脫髮、頭痛、失眠。

老中醫臨床經驗：
主治頭痛、偏頭痛、眩暈、失眠、脫髮、精神分裂症等病症。

前頂穴　「清熱瀉火寧心神」　　熄風鎮靜、寧神醒腦

取穴

位於頭部，前髮際正中直上 3.5 寸，百會前 1.5 寸。

自然療法

按摩 ▶ 用食指、中指指腹揉按前頂 2～3 分鐘，每天一次，可治療偏癱。

艾灸 ▶ 用艾條迴旋灸 15 分鐘，一天一次，可治療頭痛、頭暈、鼻炎。

老中醫臨床經驗：
主治頭痛、頭暈、目眩、鼻炎、面赤紅腫、高血壓、偏癱等病症。

百會穴 「提神醒腦防脫髮」

熄風醒腦、升陽固脫

取穴

位於頭部，前髮際正中直上 5 寸，或兩耳尖連線的中點處。

自然療法

按摩 用拇指指腹揉按百會 100 次，長期按摩，可治療中風、失眠、神經衰弱、頭痛、脫髮。

艾灸 用艾條迴旋灸 10 ～ 15 分鐘，一天一次，可治療頭痛、鼻塞、眩暈、神經衰弱等病症。

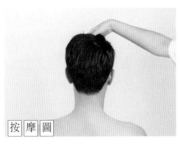

按摩圖

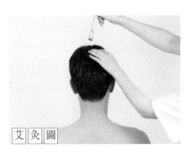

艾灸圖

老中醫臨床經驗：
主治脫髮、中風失語、頭痛、鼻塞、眩暈、失眠、神經衰弱等病症。

配伍治病：
百會配人中、足三里，防治低血壓。百會配養老、風池、足臨泣，防治梅尼埃病。百會配人中、京骨，防治癲癇。

囟會穴　「潤肺清熱利鼻竅」　安神醒腦、清熱消腫

取穴

位於頭部，當前髮際正中直上 2 寸（百會前 3 寸）。

自然療法

按摩 用食指、中指指腹揉按囟會 2 ～ 3 分鐘，每天堅持,可治療高血壓。

艾灸 用艾條迴旋灸 15 分鐘，一天一次,可治療頭痛、目痛、鼻炎。

老中醫臨床經驗：
主治頭痛、頭暈、面赤、鼻炎、鼻瘜肉、目痛、高血壓、記憶減退。

上星穴　「降濁升清上星療」　醒神清腦、升陽益氣

取穴

位於頭部，當前髮際正中直上 1 寸。

自然療法

按摩 用食指、中指指腹揉按上星 2 ～ 3 分鐘，長期按摩,可治療頭痛。

艾灸 用艾條溫和灸 10 分鐘，一天一次,可治療目赤腫痛、眩暈。

老中醫臨床經驗：
主治頭痛、目赤腫痛、眩暈、鼻出血、瘧疾、小兒驚風等病症。

神庭穴　「失眠心悸頭痛止」

取穴

位於頭部，當前髮際正中直上 0.5 寸。

自然療法

按摩 用拇指按揉神庭 100 次，長期按摩，可防治記憶力減退。

艾灸 用艾條溫和灸 10 分鐘，一天一次，可治療失眠、頭痛等病症。

老中醫臨床經驗：
主治失眠、頭痛、心悸、記憶力減退、癲癇、咳喘等病症。

素髎穴　「通利鼻竅消腫熱」

取穴

位於面部，鼻尖正中央處。

自然療法

按摩 用食指揉按素髎 100 次，每天堅持，可防治鼻部疾患。

艾灸 用艾條溫和灸 5 ～ 10 分鐘，一天一次，可治療鼻塞、鼻出血。

老中醫臨床經驗：
主治鼻塞、鼻出血、鼻炎、喘息、驚厥、新生兒窒息等病症。

人中穴 「中風昏迷急救求」 回陽救逆、疏通氣血

取穴
位於面部，當人中溝的上 1/3 與中 1/3 交點處。

自然療法

按摩 用食指指腹稍用力揉按人中 30 ～ 50 次，每天按摩，可治療中風 昏迷、小兒驚風、面腫、腰背強痛等 病症；急救時用大拇指指甲掐按人中。

艾灸 用艾條溫和灸 10 分鐘，一 天一次，可治療中風。

老中醫臨床經驗：
主治癲癇、中風昏迷、小兒驚風、 面腫、腰背強痛等病症。

兌端穴 「口氣清新更健康」 寧神醒腦、生津止渴

取穴
位於面部，上唇中央尖端處。

自然療法

按摩 用食指揉按兌端 2 分鐘，每 天堅持，可治療口渴、口瘡等病症。

艾灸 用艾條溫和灸 5 ～ 10 分鐘， 一天一次，可治療牙痛、鼻塞等病症。

老中醫臨床經驗：
主治昏迷、癲狂、黃疸、口渴、口 瘡、牙痛、舌乾、鼻塞等病症。

齦交穴　「清熱消腫除口臭」　

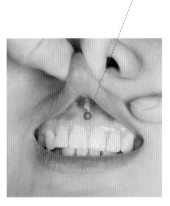

取穴

位於上唇與上齒齦間，上唇系帶中。

自然療法

按摩 將食指纏繞上乾淨的紗布，用指尖輕輕揉按齦交 1～2 分鐘，可治療牙齦腫痛、口臭、牙痛、面赤頰腫等病症。

老中醫臨床經驗：
主治牙齦腫痛、口臭、牙痛、面赤頰腫、面部毛囊炎、鼻塞等病症。

印堂穴　「頭痛頭暈配太陽」　安神定驚

取穴

位於額部，兩眉頭的正中。

自然療法

按摩 用食指、中指指腹揉按印堂 2～3 分鐘，長期按摩，可治療頭痛。

艾灸 用艾條溫和灸印堂 10 分鐘，一天一次，可治療失眠、鼻炎。

老中醫臨床經驗：
主治頭痛、頭暈、三叉神經痛、失眠、神經衰弱、鼻炎等病症。

第 15 章

任脈

承漿
廉泉
天突
華蓋
璇璣
玉堂
紫宮
中庭
膻中
鳩尾
巨闕
上脘
中脘
建里
下脘
水分
神闕
陰交
氣海
石門
關元
中極
曲骨

任脈有二十四個穴位。任脈腧穴主治月經不調、痛經、婦科炎症、不孕、不育、白帶異常、小便不利、疝氣、陰部腫痛、早洩、陽痿、遺精、遺尿、前列腺疾病、腹脹、嘔吐、呃逆、食慾不振、慢性咽炎、哮喘等病症。

● 會陰

會陰穴 「人體長壽會陰穴」　　　行氣通絡、補陰壯陽

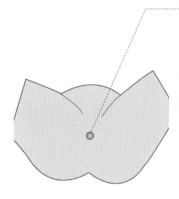

取穴

位於會陰部，男性當陰囊根部與肛門連線的中點，女性當大陰唇後聯合與肛門連線的中點。

自然療法

按摩 用拇指指腹稍用力點按會陰100次，長期按摩，可改善月經不調、閉經、陽痿、遺精、尿道炎。

老中醫臨床經驗：
主治尿道炎、陰莖痛、陽痿、遺精、陰道炎、月經不調、閉經。

曲骨穴 「生殖保健『性』福穴」　　　通利小便、調經止痛

取穴

位於下腹部，當前正中線上，恥骨聯合上緣的中點處。

自然療法

按摩 用拇指按揉曲骨3分鐘，長期按摩，可治療月經不調、前列腺炎。

艾灸 用艾條溫和灸10分鐘，一天一次，可治療小便不利、遺精。

老中醫臨床經驗：
主治小便不利、遺精、陽痿、前列腺炎、月經不調、痛經、帶下病。

中極穴 「補腎益氣調經帶」 益腎興陽、調經止帶

取穴
位於下腹部，前正中線上，當臍中下4寸。

自然療法
按摩 用拇指按揉中極5分鐘，長期按摩，可改善月經不調、膀胱炎。

艾灸 用艾條溫和灸10分鐘，一天一次，可治療遺精、痛經、膀胱炎。

老中醫臨床經驗：
主治精力不濟、月經不調、痛經、遺精、膀胱炎、小便不利等病症。

石門穴 「補腎壯陽固精帶」 益腎固精

取穴
位於下腹部，前正中線上，當臍中下2寸。

自然療法
按摩 用拇指按揉石門5分鐘，長期按摩，可治療疝氣、水腫等病症。

艾灸 用艾條回旋灸10分鐘，一天一次，可治療帶下病、崩漏等病症。

老中醫臨床經驗：
主治腹脹、疝氣、水腫、帶下病、崩漏、小便不利、遺精、陽痿。

關元穴 「固本培元保健按」

固本培元、調理沖任

取穴

位於下腹部，前正中線上，當臍中下 3 寸。

自然療法

按摩 ▶ 用大魚際推揉關元 2 ～ 3 分鐘，可治療月經不調、痛經、小便不利、失眠等病症。

艾灸 ▶ 用艾條溫和灸 5 ～ 10 分鐘，一天一次，可治療蕁麻疹、痛經、閉經、帶下病等病症。

按摩圖

艾灸圖

老中醫臨床經驗：

主治月經不調、痛經、閉經、帶下病、失眠、小便不利、蕁麻疹等。

配伍治病：

關元配足三里、脾俞、公孫、大腸俞，防治裏急腹痛。關元配中極、三陰交、血海、陰交，防治痛經、月經不調。

氣海穴 「延年益壽氣海穴」

益氣助陽、調經固經

取穴

位於下腹部，前正中線上，當臍中下 1.5 寸。

自然療法

按摩 用手掌魚際順時針按揉氣海 3～5 分鐘，長期按摩，可改善四肢無力、便秘、腸炎、月經不調等病症。

艾灸 用艾條雀啄灸 5～10 分鐘，一天一次，可治療遺尿、氣喘、腸炎、月經不調等病症。

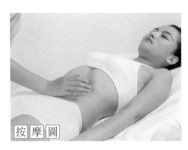

按摩圖

艾灸圖

老中醫臨床經驗：

主治四肢無力、便秘、遺尿、下腹疼痛、氣喘、腸炎、月經不調。

配伍治病：

氣海配足三里、脾俞、胃俞、天樞，防治腹脹、腹痛、呃逆、便秘。
氣海配足三里、合谷、百會，防治胃下垂、子宮下垂、脫肛。

陰交穴 「行氣養陰化濕熱」 養陰清熱、行氣化濕

取穴

位於下腹部，前正中線上，當臍中下1寸。

自然療法

按摩 用拇指點按陰交5分鐘，長期按摩，可治療洩瀉、疝氣等病症。

艾灸 用艾條溫和灸10分鐘，一天一次，可治療小便不利、帶下病。

老中醫臨床經驗：
主治臍周痛、洩瀉、疝氣、陰癢、小便不利、血崩、帶下病等病症。

神闕穴 「通經行氣治腹痛」 通經行氣

取穴

位於腹中部，臍中央。

自然療法

按摩 用拇指點按神闕2～3分鐘，長期按摩，可改善四肢冰冷、脫肛。

艾灸 用艾條溫和灸10分鐘，一天一次，可治療臍周痛、腹痛、脫肛。

老中醫臨床經驗：
主治四肢冰冷、脫肛、腹痛、臍周痛、便秘等病症。

水分穴 「理氣止痛胃腸安」 理氣止痛

取穴

位於上腹部，前正中線上，當臍中上1寸。

自然療法

按摩 用拇指點按水分5分鐘，長期按摩，可改善反胃、胃下垂。

艾灸 用艾條溫和灸10分鐘，一天一次，可治療腸炎、洩瀉等病症。

老中醫臨床經驗：
主治反胃、胃下垂、腹脹、腹痛、胃炎、腸炎、洩瀉等病症。

下脘穴 「健脾和胃止呃逆」 健脾和胃、降逆止嘔

取穴

位於上腹部，前正中線上，當臍中上2寸。

自然療法

按摩 用拇指按揉下脘5分鐘，長期按摩，可改善飲食不化、呃逆。

艾灸 用艾條溫和灸10分鐘，一天一次，可治療呃逆、腹脹等病症。

老中醫臨床經驗：
主治胃痛、嘔吐、呃逆、腹脹、飲食不化、胃潰瘍等病症。

建里穴 「腹脹嘔吐水分配」 健胃和氣

取穴

位於上腹部，前正中線上，當臍中上
3寸。

自然療法

按摩 用拇指按壓建里3分鐘，長
期按摩，可改善胃下垂、食慾不振。

艾灸 用艾條溫和灸10分鐘，一
天一次，可治療嘔吐、胃痛、腹脹。

老中醫臨床經驗：
主治食慾不振、嘔吐、胃痛、胃下垂、
腹脹、腹痛等病症。

中脘穴 「脾胃疾病中脘行」 和胃健脾、降逆利水

取穴

位於上腹部，前正中線上，當臍中上
4寸。

自然療法

按摩 用拇指推揉中脘5分鐘，長
期按摩，可改善便秘、黃疸、頭痛。

艾灸 用艾條溫和灸10分鐘，一天
一次，可治療小兒營養不良、腹痛、胃痛。

老中醫臨床經驗：
主治小兒營養不良、便秘、嘔吐、
腹痛、胃痛、食慾不振、黃疸、頭痛
等。

上脘穴 「和胃降逆治腹瀉」 和胃降逆、化痰寧神

取穴
位於上腹部，前正中線上，當臍中上5寸。

自然療法
按摩 用拇指推揉上脘3分鐘，長期按摩，可改善消化不良、腹脹。

艾灸 用艾條溫和灸10分鐘，一天一次，可治療食慾不振、水腫、腹瀉。

老中醫臨床經驗：
主治消化不良、水腫、食慾不振、腹瀉、腹脹、腹痛、胃痛等病症。

巨闕穴 「寬胸理氣養心神」 養心安神、活血化瘀

取穴
位於上腹部，前正中線上，當臍中上6寸。

自然療法
按摩 用拇指點揉巨闕5分鐘，長期按摩，可改善癲癇、胃下垂。

艾灸 用艾條溫和灸10分鐘，一天一次，可治療嘔吐、腹瀉、胃痛。

老中醫臨床經驗：
主治胸痛、胃痛、胃下垂、嘔吐、腹瀉、黃疸、健忘、癲癇等病症。

鳩尾穴 「寧心安神消疲勞」 安心寧神、寬胸定喘

取穴
位於上腹部，前正中線上，當胸劍結合部下 1 寸。

自然療法

按摩 用拇指推揉鳩尾 3 分鐘，長期按摩，可改善心痛、心悸等病症。

艾灸 用艾條溫和灸 10 分鐘，一天一次，可治療咳嗽、氣喘等病症。

老中醫臨床經驗：
主治心痛、心悸、癲癇、腹脹、手腳冰冷、咳嗽、氣喘等病症。

中庭穴 「寬胸理氣心痛醫」 寬胸理氣

取穴
位於胸部，當前正中線上，平第五肋間，即胸劍結合部。

自然療法

按摩 用拇指推揉中庭 5 分鐘，長期按摩，可治療哮喘、心痛、胸悶。

艾灸 用艾條溫和灸 10 分鐘，一天一次，可治療食管炎、胸痛、心悸。

老中醫臨床經驗：
主治咳嗽、哮喘、心痛、心悸、胸痛、胸悶、食管炎等病症。

膻中穴 「理氣止痛氣會穴」

理氣止痛、生津增液

取穴

位於胸部，當前正中線上，平第四肋間，兩乳頭連線的中點。

自然療法

按摩 用手掌大魚際擦按膻中 5 分鐘，長期按摩，可改善呼吸困難。

艾灸 用艾條溫和灸 10 分鐘，一天一次，可治療心悸、胸痛、胸悶。

老中醫臨床經驗：
主治呼吸困難、心悸、胸痛、胸膜炎、胸悶、氣喘等病症。

玉堂穴 「散熱化氣止咳喘」

寬胸止痛、止咳平喘

取穴

位於胸上部，當前正中線上，平第三肋間。

自然療法

按摩 用拇指推揉玉堂 5 分鐘，長期按摩，可治療氣短、胸痛等病症。

艾灸 用艾條溫和灸 10 分鐘，一天一次，可治療嘔吐、咽喉腫痛、咳嗽。

老中醫臨床經驗：
主治咳嗽、氣短、胸痛、胸悶、嘔吐、咽喉腫痛、食管炎等病症。

紫宮穴 「止咳化痰胸痛定」 寬胸理氣、止咳平喘

取穴

位於胸部，當前正中線上，平第二肋間隙處。

自然療法

按摩 用拇指推揉紫宮 5 分鐘，長期按摩，可改善氣喘、胸痛、胸悶。

艾灸 用艾條溫和灸 10 分鐘，一天一次，可治療嘔吐、肺炎、支氣管炎。

老中醫臨床經驗：
主治咳嗽、氣喘、胸痛、胸悶、喉痹、嘔吐、支氣管炎、肺炎等。

華蓋穴 「利肺平喘按摩用」 利肺平喘

取穴

位於胸部，當前正中線上，平第一肋間隙處。

自然療法

按摩 用拇指揉按華蓋 200 次，堅持按摩，可預防肺部疾病。

艾灸 用艾條溫和灸 15 分鐘，一天一次，可治療喉炎、哮喘、胸悶。

老中醫臨床經驗：
主治哮喘、喉炎、食管炎、胸痛、胸悶、胸膜炎、肺部疾病等病症。

璇璣穴 「清熱化痰理肺氣」

取穴

位於胸部，當前正中線上，胸骨上窩中央下 1 寸處。

自然療法

按摩 用食指、中指指腹揉按璇璣100 次，每天按摩，可治療胃痙攣。

艾灸 用艾條溫和灸 15 分鐘，一天一次，可治咳嗽、氣喘、咽喉腫痛。

老中醫臨床經驗：
主治咳嗽、氣喘、胸痛、胸悶、咽喉腫痛、扁桃體炎、胃痙攣等。

天突穴 「冬病夏治首選穴」

理氣平喘

取穴

位於頸部，前正中線上，胸骨上窩中央（胸骨柄上窩凹陷處）。

自然療法

按摩 用食指、中指指腹揉按天突200 次，一天一次，可治療哮喘。

艾灸 用隔薑灸 10 分鐘，一天一次，可治療外感咳嗽、胸悶、咽炎。

老中醫臨床經驗：
主治哮喘、咳嗽、咽喉炎、胸悶、胸中氣逆、食管炎等病症。

廉泉穴　「利喉舒舌止痛強」

利喉舒舌、消腫止痛

取穴

位於頸部，前正中線上，結喉上方，舌骨上緣的凹陷處。

自然療法

按摩　用拇指揉按廉泉 3 分鐘，長期堅持按摩，可治療中風失語。

艾灸　用艾條溫和灸 15 分鐘，一天一次，可治療口舌生瘡、急性喉炎。

老中醫臨床經驗：
主治口舌生瘡、舌炎、急性喉炎、中風失語、聾啞、消渴等病症。

承漿穴　「面部疾患承漿止」

生津斂液、舒經活絡

取穴

位於面部，當頦唇溝的正中凹陷處。

自然療法

按摩　用拇指揉按承漿 5 分鐘，一天一次，可治療口眼歪斜、牙痛。

艾灸　用艾條溫和灸 15 分鐘，一天一次，可治療中風昏迷、口舌生瘡。

老中醫臨床經驗：
主治口眼歪斜、牙痛、口舌生瘡、中風昏迷、面癱、頰腫等病症。

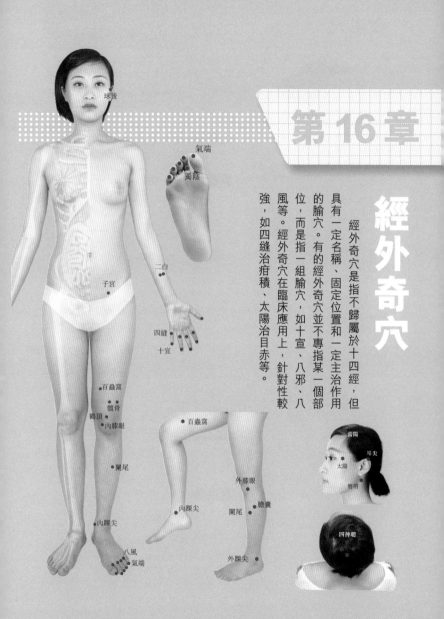

第 16 章

經外奇穴

經外奇穴是指不歸屬於十四經,但具有一定名稱、固定位置和一定主治作用的腧穴。有的經外奇穴並不專指某一個部位,而是指一組腧穴,如十宣、八邪、八風等。經外奇穴在臨床應用上,針對性較強,如四縫治疳積、太陽治目赤等。

球後

氣端

獨陰

二白

四縫

十宣

子宮

百蟲窩

膝骨

鶴頂

內膝眼

闌尾

內踝尖

八風

氣端

百蟲窩

外膝眼

膽囊

闌尾

內踝尖

外踝尖

當陽

耳尖

太陽

翳明

四神聰

太陽穴 「清熱護眼解疲勞」 清肝明目、通絡止痛

取穴

位於耳廓前面，當眉梢與目外眥之間，向後約一橫指的凹陷處。

自然療法

按摩 用拇指揉按太陽 50 次，長期按摩，可治療頭痛、偏頭痛、目赤。

艾灸 用艾條溫和灸 10 分鐘，一天一次，可治療偏頭痛、神經衰弱。

老中醫臨床經驗：
主治頭痛、偏頭痛、眼睛疲勞、目赤、神經衰弱等病症。

四神聰穴 「提神醒腦治失眠」 鎮靜安神、清頭明目

取穴

位於頭頂部，百會穴前後左右各開 1 寸，共四穴。

自然療法

按摩 用拇指稍用力點按四神聰各 100 ～ 200 次，每天堅持，可治療頭痛。

艾灸 用艾條迴旋灸 15 分鐘，一天一次，可治療高血壓、失眠、眩暈。

老中醫臨床經驗：
主治頭痛、眩暈、失眠、健忘、神經衰弱、高血壓等病症。

球後穴 「眼部疾病球後求」

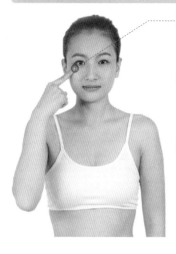

取穴
位於眼眶下緣的外側 1/4 與內側 3/4 交點處。

自然療法

按摩 用拇指按揉球後 5 分鐘，每天堅持，可防治眼部疾病。

艾灸 用艾條溫和灸 10 分鐘，一天一次，可治療視神經萎縮、結膜炎。

老中醫臨床經驗：
主治視神經萎縮、近視、結膜炎、角膜炎、目赤腫痛等眼部疾病。

耳尖穴 「清熱祛風目赤療」

清熱祛風、解痙止痛

取穴
位於耳廓的上方，當摺耳向前，耳廓上方的尖端處。

自然療法

按摩 用拇指和食指捏揉耳尖 3～5 分鐘，長期堅持，可治療目赤。

艾灸 用艾條溫和灸 10 分鐘，一天一次，可治療偏頭痛、頭痛、目疾。

老中醫臨床經驗：
主治目赤腫痛、急性結膜炎、偏頭痛、頭痛等病症。

頸百勞穴 「養肺止咳長按摩」 養肺止咳、舒筋活絡

取穴

位於項部，大椎直上 2 寸，後正中線旁開 1 寸處。

自然療法

按摩 用食指、中指指尖揉按頸百勞 3 ～ 5 分鐘，長期按摩，可治療哮喘。

艾灸 用艾條溫和灸 10 分鐘，一天一次，可治療咳嗽、頸項強痛、落枕。

老中醫臨床經驗：
主治哮喘、咳嗽、肺結核、頸項強痛、落枕、角弓反張等病症。

夾脊穴 「舒筋活絡臟腑調」 調節臟腑、舒筋活絡

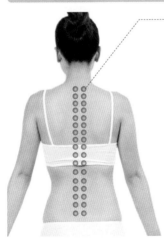

取穴

位於第一胸椎至第五腰椎棘突下兩側，旁開 0.5 寸，一側 17 個穴。

自然療法

按摩 用拇指由上至下推揉夾脊 5 分鐘，長期按摩，可防治腰背疾病。

艾灸 用艾條迴旋灸 15 分鐘，一天一次，可治療心肺疾病、腰腿痛。

老中醫臨床經驗：
主治坐骨神經痛、腰腿痛及心肺疾病、腸胃疾病等病症。

翳明穴 「失眠近視翳明按」

取穴

位於項部，翳風後 1 寸處。

自然療法

按摩 用食指、中指指尖點揉翳明 100 次，每天堅持，可防治眼疾。

艾灸 用艾條溫和灸 15 分鐘，一天一次，可治療頭痛、耳鳴、近視。

老中醫臨床經驗：
主治頭痛、耳鳴、失眠、近視、遠視等病症。

子宮穴 「婦科疾病艾灸用」

調經止帶

取穴

位於下腹部，當臍中下 4 寸，中極旁開 3 寸。

自然療法

按摩 用食指、中指併攏按壓子宮 2 ～ 3 分鐘，長期按摩，可治療痛經。

艾灸 用艾條溫和灸 10 分鐘，一天一次，可治療婦女不孕症、帶下病。

老中醫臨床經驗：
主治月經不調、痛經、閉經、帶下病、婦女不孕症等病症。

胃脘下俞穴 「健脾和胃配脾俞」 健脾和胃、理氣止痛

取穴

位於背部，當第八胸椎棘突下，旁開1.5寸。

自然療法

按摩 用拇指揉按胃脘下俞 2～3分鐘，長期按摩，可治療消渴病。

艾灸 用艾條溫和灸 10 分鐘，一天一次，治療消渴病、胃痛、胸膜炎。

老中醫臨床經驗：
主治消渴病、胃痛、消化不良、胸脅痛、胸膜炎等病症。

四縫穴 「活血行氣促消化」 健脾行氣、活血化瘀

取穴

位於第二至第五手指掌面，中間指關節的中央，共 8 穴。

自然療法

按摩 用拇指掐揉四縫，每穴 2～3分鐘，長期掐揉，可治療小兒脾虛。

艾灸 用艾條迴旋灸四縫 15 分鐘，一天一次，可治療消化不良、腹瀉。

老中醫臨床經驗：
主治小兒脾虛、驚風、消化不良、腹瀉、咳嗽、感冒等病症。

十宣穴 「清熱開竅能醒神」

取穴

位於手十指尖端，距指甲游離緣 0.1 寸，左右共 10 個穴位。

自然療法

按摩 用拇指尖掐揉 100 次，長期掐揉，可治療失眠、高血壓、驚厥。

艾灸 用艾條溫和灸 15 分鐘，一天一次，可治療急性咽喉炎、手指麻木。

老中醫臨床經驗：
主治失眠、高血壓、手指麻木、驚厥、中風昏迷等病症。

八邪穴 「清熱解毒手不麻」

祛風通絡、清熱解毒

取穴

位於手指背面，第一至第五指間，各個手指的分叉處，共 8 穴。

老中醫臨床經驗：
主治頭痛、咽痛、手指麻木、手痛等病症。

二白穴 「調和氣血二白行」

調和氣血

取穴

位於前臂掌側，腕橫紋上 4 寸，橈側腕屈肌腱的兩側，一側有 2 穴。

老中醫臨床經驗：
主治前臂痛、胸脅痛、痔瘡、脫肛、肛裂出血等病症。

肘尖穴　「化痰消腫通經絡」　　化痰消腫、通絡止痛

位於肘關節後部，屈肘時，尺骨鷹嘴的尖端。

老中醫臨床經驗：
主治頸淋巴結結核、癭疽、腸癰等病症。

定喘穴　「肺部疾病定喘求」　　止咳平喘

取穴

位於背部，第七頸椎棘突下，旁開 0.5 寸。

自然療法

按摩 用拇指推按定喘 3 分鐘，長期按摩，可治療哮喘、久咳、落枕。

艾灸 用艾條溫和灸 5 ～ 10 分鐘，一天一次，可治療咳嗽、百日咳。

老中醫臨床經驗：
主治哮喘、久咳、肺結核、百日咳、落枕、頸項強痛等病症。

十七椎穴 「強腰利尿又補腎」

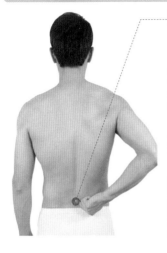

取穴

位於腰部，當後正中線上，第五腰椎棘突下凹陷中。

自然療法

按摩 用拇指揉按十七椎 3 分鐘，長期堅持，可治療下肢癱瘓、腰痛。

艾灸 用艾條溫和灸十七椎 10 分鐘，一天一次，可治療崩漏、痛經。

老中醫臨床經驗：
主治下肢癱瘓、坐骨神經痛、腰腿痛、痛經、崩漏、月經不調等。

腰痛點穴 「化瘀止痛舒經絡」

鎮痙消腫、舒經活絡

取穴

位於手背，第二、三掌骨及第四、五掌骨之間，一側 2 穴。

自然療法

按摩 用拇指揉按腰痛點 5 分鐘，每天按摩，可治療手背紅腫疼痛。

艾灸 用艾條溫和灸 5 分鐘，一天一次，可治療頭痛、腰肌勞損。

老中醫臨床經驗：
主治腰痛、急性腰扭傷、腰肌勞損、頭痛、耳鳴、手背痛等病症。

外勞宮穴 「祛風止痛活經血」 祛風通絡、舒經活血

取穴
位於手背，第二、三掌骨之間，掌指關節後 0.5 寸處。

自然療法

按摩 ➤ 用拇指揉按外勞宮 5 分鐘，每天按摩，可治療手背紅腫疼痛。

艾灸 ➤ 用艾條溫和灸 5 分鐘，一天一次，可治療消化不良、落枕。

老中醫臨床經驗：
主治落枕、消化不良、腹痛、洩瀉、腰痛、手背紅腫疼痛等病症。

百蟲窩穴 「驅蟲止癢蟲窩治」 祛風活血、驅蟲止癢

取穴
位於大腿內側，髕底內側端上 3 寸。

老中醫臨床經驗：
主治膝關節炎、下肢痿痺、皮膚蟎蟲病、蛔蟲病等。

闌尾穴 「闌尾專治闌尾炎」 調理腸腑

取穴
位於小腿前側上部，當外膝眼下 5 寸，脛骨前緣旁開一橫指。

老中醫臨床經驗：
主治闌尾炎、腸炎、消化不良、腹痛、吐瀉等病症。

鶴頂穴 「通利關節祛風濕」 祛風除濕、通絡止痛

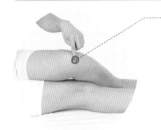

取穴

位於膝上部，髕底的中點上方凹陷處。

老中醫臨床經驗：
主治濕邪犯下肢、膝關節痠痛、腿足無力、下肢癱瘓及各種膝關節病症。

八風穴 「祛風通絡月經調」 祛風通絡、清熱解毒

取穴

位於足背 5 個腳趾間的交叉處，共 8 個穴位。

自然療法

按摩 用拇指掐揉八風 50 次，長期按摩，可治療牙痛、足跗腫痛。

艾灸 用艾條溫和灸 15 分鐘，一天一次，可治療瘧疾、頭痛等病症。

老中醫臨床經驗：
主治頭痛、牙痛、胃痛、足跗腫痛、月經不調、瘧疾等病症。

膽囊穴 「疏肝利膽治膽囊」

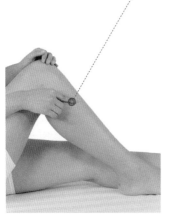

取穴

位於小腿外側上部，當腓骨小頭前下方凹陷處直下 2 寸。

自然療法

按摩 用食指、中指指腹揉按膽囊 3～5 分鐘，長期按摩，可治療膽囊炎。

艾灸 用艾條溫和灸 15 分鐘，一天一次，可治療慢性胃炎、膽囊炎。

老中醫臨床經驗：
主治膽囊炎、膽結石、慢性胃炎、膝腿疼痛等病症。